「気」の12ヶ月

季礼で暮らしを浄化する

秋篠野安生

M-ON! Entertainment Inc.

目次

季礼で暮らしを浄化する

皐月・五月　リズムとバランス

水無月・六月　品性を磨く

文月・七月　心を澄ませる

葉月・八月　重続・継続

気がきれいになる　毎日の小さな心がけ

季札で暮らしを浄化する

「気」とはそもそも何でしょう

「気」のつく言葉を思いつく限り挙げてみましょう。元気、病気、陽気、内気、強気、弱気、気心、気質、健気《けなげ》、気分、気配……。熟語の他にも、「気がつく」「気の利く」「気が晴れる」などという使い方もされます。

「気」のつく言葉は、約二百六十種もあるというのですから驚きます。

『広辞苑』では、気とは「天地間を満たし、宇宙を構成する基本と考えられるもの。また、その動き」とあり、自然現象、万物《ばんぶつ》が生ずる根元、心の動き・状態・働きを包括的《ほうかつてき》に表す語、精神、といったような説明がなされています。簡単にいえば、気は私たちのまわりに満ちているものであり、同時に私たちの中に存在するものということです。

周囲の気も、私たちの内なる気も、互いに影響を及ぼし合っています。天気がよい日は心も晴れ晴れします。でも、台風では、不安な気分になります。憂鬱《ゆううつ》な気分を引きずっていると、居合わせた人が心配します。逆に、明るく爽やかな雰囲気の人は、一瞬にしてその部屋の雰囲気を変えてしまいます。

これほどまでに気は強い影響力を持っているのに、残念なことに、多くの人があまり意識していません。

毎日を幸せな気分で過ごすには、気に気をつける必要があります。周囲と自分の中の気を敏感に察知し、暗い雰囲気が漂っていれば明るい表情と元気な言葉で活気をもたらすようにするなど、常によい気が循環するよう自らの力でバランスをとることができれば、小さな幸せがたくさんちりばめられた毎日を過ごすことができるようになります。

季礼は美しい気を生み
感謝と幸せを抱くための智恵

気はあなたの中にも周辺にも存在し、良いことも悪いことも影響しあっています。旅行などで長い時間、家を空けた時は、「空気がよどんでいる」と感じるものです。窓を開けて換気をしたらすっきりした、という経験はありませんか？　これは、気の状態が良ければ幸せを感じやすい幸福体質になる、ということの表れです。

逆もしかりで、気の状態が悪いとなんとなく気持ちが曇ってきて、少しのことでイライラしたり、くよくよ悩んでしまったりということになりかねません。

この本でご紹介する季礼とは、気を理想的な状態に保つための小さな智恵です。昔ながらの陰暦を現代に取り入れ、自然に寄りそい、宇宙に添わせ、響き合うように生活を整えていく方法です。

季礼を取り入れた生活を一ヶ月も続ければ、あなた自身（物事のとらえ方や心の明るさ）と、あなたを取り巻くもの（生活環境や人、もの、ことなど）に変化が生じたのを感じ取ることができることでしょう。気持ちがクリアになって、「お天気がいい」「かわいい野草が咲いた」「家族が元気でよかった！」など、当たり前だと思っていたことに対して自然と感謝する気持ちがわき出るようになるでしょう。そして、その感謝は日々の小さな幸せへと繋《つな》がっていきます。

きらりと光り輝く小さな幸せを、たくさんたくさん紡《つむ》いでいきましょう。そして、自分も人も幸せにできる素敵な人になりましょう。

季礼を知り暮らしに取り入れましょう

季礼を暮らしに取り入れるにあたって、まずはじめに季礼とは何かをお話ししましょう。

季礼は明治のはじめまで使われていた、旧暦（太陽太陰暦）を現代の生活に取り入れています。古来、農耕民族として生きてきた私たち日本人は、季節の移ろいを敏感に察知し、種をまく時期や収穫にふさわしい時期を判断していました。それだけでなく、自然に対する畏敬《いけい》のためでしょう、神事や仏事とも絡《から》めてきました。

月の満ち欠けと太陽の周期を組み合わせることによって生まれた旧暦は、いにしえの人々が自然の声に耳を傾け、気の流れを敏感に察知して誕生したものといえるでしょう。

現代の生活は季節感が薄れたといわれて久しくなります。冬に夏が旬のものを食べるなど、古人には考えられなかったことでしょう。このような季節感のない生活をしていると、自然＝宇宙の気と自分の中の気にずれが生じてしまいます。そこから不協和音が発するように、気が乱れ、流れが悪くなり、澱《よど》んで停滞してしまうのです。ここから何となく不快で不満が溜まる→幸せを実感できない→不満がさらに増える、といった悪循環が始まるのです。

季礼は、このような悪循環を招かないよう、季節の声に耳を傾け、自然に添っていけるような暮らしの智恵を集めたものです。

昨日とはちがう空気＝気が流れているように感じたとき、この本の月ごとのページを開いてみてください。その理由を旧暦をもとにわかりやすく紐解《ひもと》き、そのときどのような心づもりでどのようなことを、生活の中で行えばいいのかということをお伝えします。

気の状態を読み解く陰陽五行説

旧暦には陰陽五行説《いんようごぎょうせつ》が深く関わっています。

陰陽五行説とは、この宇宙の森羅万象《しんらばんしょう》の成り立ちを説いた古代中国の哲理《てつり》。ごく簡単に説明すると、まず、いっさいの万物《ばんぶつ》は陰と陽という相反する二気によって生じています。天と地、夏と冬、火と水、潮の満ち引き、月の満ち欠け。これらはすべて相反するものの一対です。呼吸をとってみてもそうです。吸ってばかりでも、吐いてばかりでも、苦しくて仕方ないのです。

そしてこの陰陽は、一方が強くなれば一方が弱くなる、一方が極まれば一方が萌《きざ》すというようにバランスを取り合っているため、夏至と冬至を境に互いに入れ代わります。

この陰陽に加え、「木火土金水」という五気が輪廻《りんね》・作用し、色・方位・季節・惑星・天神・内臓・十干・十二支などを成り立たせています。

五気の色は次のようになっています。

木気＝植物の象徴で青（緑を含む）、火＝火の色で赤、土気＝大地の色で黄、金気＝冷たく光る金属の象徴で白、水気＝水は暗く低いところに集まるため黒（または紫で表現することもある）。

この五色は邪気を祓《はら》い、穢《けが》れを浄《きよ》めると考えられています。

しかしながら、この陰陽五行説の哲理をもって気を読み解くことは、複雑で、とっても難しいことです。これはあくまで知識として頭の片隅に入れておいてください。本文中では、それぞれの月ごとに気の状態を説明し、それゆえに望ましい行動をお話ししていきます。

睦《む》月《つき》・一月

体感する

大福茶《おおぶくちゃ》

大福茶で新年の気を全身に取り入れる

日本のしきたりを生活に取り入れるのに、お正月は絶好の機会。静かな気持ちできちんと行ってみると、心がスッキリし、落ち着くことでしょう。

元日の朝は大福茶《おおぶくちゃ》で始めます。まず、その家の主たる人が午前四時にお水を汲み取っておきます。この水は若水《わかみず》といって、水の華が咲いたといわれるほど昔から大事にされてきた、神聖でエネルギーに満ちた水です。その理由は、午前二時から陰陽の逆転が生じ、陽に転じて落ち着いたころがちょうど午前四時だからです。

水は生命の源。潮の満ち引きから月の満ち欠けにも深く関わっているうえ、私たちの体の約七割も水。体にどんな水を流すかということはとても大切なことなのです。

若水は特別な場所からもってくるのではなく、家の蛇口から出る水で大丈夫。お湯のみの中には結び昆布（細いほうが上品で素敵です）と小梅を一粒、山椒の実を一粒。若水を沸かし、去年の八十八夜の新茶（お番茶）を注ぎます。

元日の朝一番に大福茶をいただけば、良い気、新年の新鮮なエネルギーが全身全霊に満ちていきます。

大福茶は暮れになると市販されます。最近はお茶と結び昆布と小梅がセットになっているものもあります。温かい大福茶をゆっくりといただきながら、新年の始まりを体で感じてください。

お正月の朝は新年の気がいっぱい流れ、昨日とはまったくちがう空気が感じられませんか？

きりっとした気持ちで、文字通り「心あらたまるお正月」が始まります。

睦《むつ》む

家庭に良い気を流す
コミュニケーション

「睦月《むつき》」には、お正月に親類縁者が集い合い睦み合うという意味が込められています。今月は家族とのコミュニケーションについて考え直す良い機会。どんなコミュニケーションを心がけるか、今一度、考えてみましょう。

　高度経済成長以来、日本人は家庭よりも外に目を向けるようになりました。家族も家庭もあってあたりまえ、というように受け止めてしまうのは、とても残念なことです。家庭は人をかたちづくる宇宙。良い気が流れる家庭は良い人間性を育みます。女性は、そんな家庭をつくるための重要な役割を生まれながらに持っています。良質なコミュニケーションの鍵は女性が握っているというわけです。

　思いやりが感じられる仕草や、ぬくもりのあるひとこと。

そうしたさりげないことを重ねて、連ねて、繋《つな》いでいってみましょう。日本では言霊《ことだま》といって言葉に魂があると信じられ、音《おん》や重なりや連なりを大切にしました。前向きな明るい言葉、愛が感じられるやさしい言葉。良い言《こと》の葉《は》を家族に届けてみてください。また、日本には季節の美しい言葉がたくさんありますから、積極的に使ってみましょう。あなたのやさしい言葉に家族が心の中で「にこっ」とする。するとその瞬間、明るい気が輝き、発されます。それを受けて、あなたからも良い気が発されます。こうして家庭の中に良い気が光り輝き循環するようになるのです。小さなことですが、積み重ねると大きなエネルギーになります。

あなたはぜひ、自分から良い気を流すことのできる人になってください。何かあったときに一致団結できる家族の絆が育まれていきます。

お祓《はら》い

初詣はあなたを守ってくださる氏神様へ

毎年、有名な神社仏閣が初詣客で大にぎわい。でも、まずは家の近所にある神社へ参りましょう。暮らしている地域の氏神様《うじがみさま》が、あなたのすべてを守ってくれるからです。他の神社仏閣にお参りするのは、氏神様へ初詣を済ませてからにしてみてはいかがでしょう。

「よい年になりますように、よろしくお願いいたします」と手を合わせると、清々しくおだやかな気持ちになります。

また、お祓《はら》いしてもらうのもいいでしょう。ひらがな一文字ごとに意味がある大和《やまと》言葉では、「は＝生まれる　ら＝等、たくさん　い＝命」とされます。祓いとは良い気、良い命がたくさん生まれるという意味。お祓いをするということは、罪（＝包み＝神さまからいただいた肉体を包み隠すこと）や

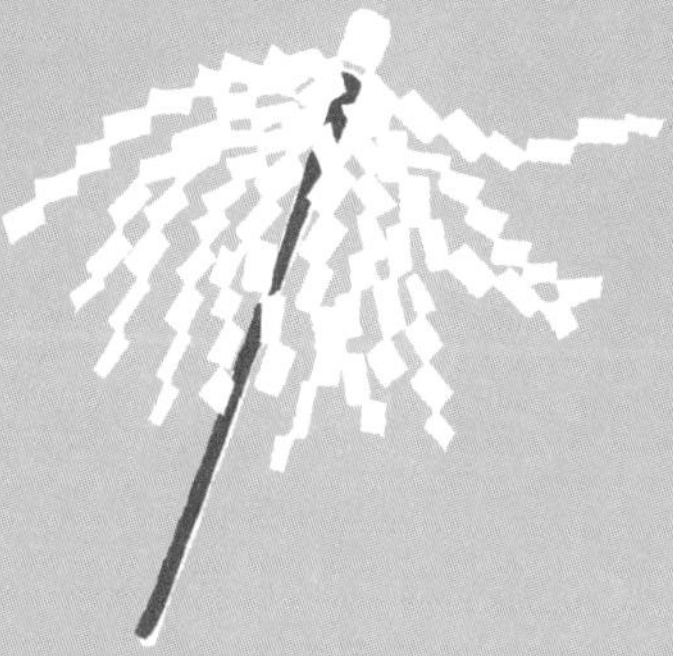

穢《けが》れ（＝木枯れ＝神さまに与えられたものを枯らしてしまうこと）を取り除き、プラスの気を入れるということなのです。

お参りでは新年の目標達成をお願いすることも多いでしょう。さっそく実行したくなると思いますが、一月いっぱいはまだ骨休みといたしましょう。十二月十三日の「ことはじめ」から二月三日の節分までは陰と陽の気がせめぎあっていて、一年で最も強い霊気が流れています。こんなときは体に良いものを食して十分に休養をとり、人と睦み合ってあたたかい気持ちで過ごしましょう。この時期は体と心のメンテナンスに最適なのです。

一月六日前後からは寒《かん》の内に入り、一年でいちばん寒い時期になります。寒中の過ごし方は後でまたお話しいたしますが、この時期は動よりも静、じっと心を静めて、この季節特有の気を感じるようにしましょう。

若菜《わかな》

寒中の霊気と七草で若菜の気を吸収する

真っ白なお粥《かゆ》に目の覚めるような若緑。ふうわりと立ちのぼる香りの初々しさ。ごちそう続きだったお正月のあとでいただく七草粥は、ほんとうに美味しく、一口ごとにエネルギーが満ちていく感じがします。七草粥の日、一月七日は五節句の人日《じんじつ》。江戸時代には幕府の公式行事となり、武家の重要な祝日でした。

七草は六日の夜に包丁で刻み、七日の朝、お粥の中に入れます。春の七草には若菜の息吹《いぶき》、強い生命力が宿っていて、そのエネルギーが邪気を祓い心身に活力をもたらします。七草をいただくときは、こうしたことを意識するようにしてみると、元気が漲《みなぎ》ってくる感じを体感できますよ。

このころは小寒《しょうかん》といって一年で最も寒い時期、寒の入りで

す。二月三日までの寒中《かんちゅう》は空気がどこまでも澄み渡り、清廉《せいれん》な霊気があたりに充ち満ちています。昔から寒修行《かんしゅぎょう》が行われるのもそのためでしょう。

私はこの時期になると、蛇口から冷たい水を流して両手に受け、手から体の隅々までエネルギーが入っていくのを感じ取るのです。すると、体の奥からふつふつと力が湧いてくるのです。

特に小寒から九日目の「寒九《かんく》」の水は霊気が強いので、午前四時の若水を汲みだし、お茶を入れたり、ご飯を炊くなどしましょう。

また、寒の清冽《せいれつ》な霊気で根菜は甘みを増し、魚は脂がのります。これら美味しく育った寒の内の食べ物は、私たちの体に良質なエネルギーを与えてくれます。自然の恵みに感謝しつつ、いただきましょう。

真《しん》善《ぜん》美《び》

「真・善・美」を自然から学ぶ

昔から「真＝まこと」「善＝道理の理想」「美＝うつくしさ」は、日本の美意識として追求されてきました。真実とは何か、何が善なのか、美しさとはどういうものか。それを理解する力を養うことは、しっかりとした軸を持ち、本物の幸福を掴《つか》むために大切なことです。

まず真や善。何が真実で何が善なのかを判断する際、自分の魂に聞いてみましょう。一般論の善悪に頼ったり、今はこんな時代だからなどと片づけるのではなく、心の奥底にある良心・魂に訊ねてみるのです。人間として美しく生きるためには表面だけでなく魂もきれいでいなければなりません。きちんと自分の心と向き合って、真実や善悪についての判断を見極める習慣をつければ、魂はどんどん磨かれていきます。

そして、美。美しい絵画や芸術作品などは人によって見方がちがいます。でも自然から教わる美しさは、「人の真の先生は自然だ」といわれるほど人の心を感動させ、さまざまなことを伝えてくれます。

日本のしきたりは自然に対する礼節です。しきたりを行うことで眠っていた日本的感性のＤＮＡが目覚め、「素敵だな」「気持ちがいいな」と体感できるようになります。それが目に見えない美しさを理解する力を育むのです。

家族や身近な人との会話に、自然に関する話題をたっぷり取り入れてください。私たちは「良いお天気ですね」「お寒うございます」など、挨拶の中にお天気のことを取り上げますが、それは日本人が自然に親しんできた民族だというあらわれです。目には見えないものを体感すること。日々続けていくことで、感性はいきいきと冴えわたってきます。

睦月

一月のこよみ

一 二 三 四 五 六 七 八 九 十 十一 十二 十三 十四 十五 十六 十七 十八 十九 二十 二十一 二十二 二十三 二十四 二十五 二十六 二十七 二十八 二十九 三十 三十一

小寒《しょうかん》

一月六日頃

「冬至より一陽起こるが故に陰気に逆らう故、益々冷る也」

冬至で陽の気が起こって陰の気に逆らうために、両方の気がせめぎ合ってますます冷え込むという意味。この日から寒の入り。

大寒《だいかん》

一月二十一日頃

「冷ゆること至りて甚だしきときなれば也」

一年で最も寒い時期。大寒を経て2月3日の節分までが「寒の内」といい、古来、この時期の身の引き締まるような寒さを厳粛かつ清浄なものとして神聖視してきました。

主な行事

お正月

農耕民族である日本人にとって、収穫が終わった田畑を休め、人々も骨休めをするのがこの時期。農業の神さまに一年の感謝を捧げ、新しい年神様を迎え、その年の豊作を願う祭ごとのならわしから、お正月のお祝いが始まりました。

七草粥／人日《じんじつ》（七日）

せり、なずな、ごぎょう、はこべら（はこべ）、ほとけのざ、すずな（かぶ）、すずしろ（大根）といった七種類の春の若菜を食べ、生命力を体内に取り入れ邪気を祓います。

如月《きさらぎ》・二月

立春《りっしゅん》

立春を過ぎたら
新たな行動を起こす

その年の気が本格的に流れ出すのは二月四日の立春から。せめぎ合っていた前年の気と今年の気が、ぴたっと落ち着くのはこの日の午前四時です。立春の日の午前四時の若水にはまた特別な気が充《み》ちています。それは「水の華が咲く」と称されるほどの、清廉で清浄なエネルギー。元旦の大福茶と同様、立春の朝は若水を汲み、お料理やお茶に用いましょう。インフルエンザや風邪が流行る時期でもあり、こうして立春の気を体内に取り入れることは心身を守るためにも大切なのです。体の中に良い気が流れていると、自然と笑顔も多くなるはずです。よく知られているように笑いは免疫力アップに効果を発揮しますから、このことから見ても体内によい気を取り入れるのは大切です。

気を体感できるようになると、立春の朝にお正月とよく似た清らかで新鮮な空気が漂うのが感じられます。すると自然と心があらたまり、背筋がしゃきっと伸びることでしょう。立春の朝は特別な大切な朝なのです。

そして、「新年の決意」を実行に移すのも、この日からです。冬至に流れ始めた陽の気は、立春をさかいにどんどん強まっていきます。次第に日《ひ》脚《あし》が長くなり、よく見れば木々の枝にも小さな蕾《つぼみ》が芽吹き始めます。いわば自然＝宇宙のリズムが「始まり」のリズムになっているのです。生活の中の「新しいこと」を立春以降に始めるのも、こうした自然のリズムに添う、理にかなったことなのです。

そのことをわかって行動すれば、「今は自然も身方してくれているのだから」と、自信を持って向かっていくことができますよ。

春《はる》一《いち》番《ばん》

春一番が吹いたら
春色の靴で出かける

東京で春一番が吹き荒れるのは、だいたい二月の十五日ごろ。私が学生時代を過ごした博多では、もう少し早い時期でした。二月になると私は春のきざしをキャッチしたくて、よく海辺へ行きました。そして首を曲げ、水平線を逆さまに眺めるのです。そうすると海が広く広く見えるのです。こうして私は、二月に吹く春一番の風を今か今かと待ちわびるのでした。

そして、いざ春一番が吹いたら、春色の靴に履き替えます。冬の黒い靴からミルクティぐらいのベージュに。足もとから春の気配を取り込むのです。

春の靴で出かけていくと、出会った人が「わあ、素敵ね」「もう春なのね」と笑顔を投げかけてくれます。

春は誰もが待ちこがれている季節なんですね。この時期に見頃となる梅の花のように春らしいもの、春を予感させるものと出逢うと、嬉しい気分がわきあがってくるのでしょう。

言葉と同じく、自分のちょっとした行動が良い気を流すことになる。とても素敵なことだと思いませんか？

春色の靴を履いた私を見て、人々がわくわくしてくれた。それが私の心をとても幸せにしてくれるのです。

喜びを感じている人が発する気は、素晴らしいエネルギーにあふれています。

誰かに何かをしてもらうことよりも、してあげて喜ばれたほうが遥《はる》かに幸せを実感するのは、相手が発する喜びのエネルギーを受け取るからでしょう。

春一番が吹いたら、お気に入りの春色の靴で出かけましょう。そして、あなたから良い気をどんどん流しましょう！

直感《ちょっかん》

感性を研ぎ澄まし
風を読める人になる

「空気を読める、読めない」といった表現がされることがあります。けれども、昔から日本には「風を読む」という言い方がありました。「風を読む」は主に経済や世の中の先行きを予想するときに使われます。

そして、目に見えないものを読む、察するということから、人の心の動きを感じ取るということにも通じているのです。

二月は、かすかな春の気配が漂い始めるとき。あなたはそれを察知することができますか？　できるとしたら感性が研ぎ澄まされているあかしです。

ただ、感性はおりに触れ、その感度を磨《みが》く必要があります。

「今日はなんだかこっちの道を歩いてみたい」なんて思うことはありませんか？

風をよむ

ショーウィンドウの服がぱっと目に飛び込んできて、お店でいろいろ見たあげく、やっぱりそれがいちばん似合った、という経験はありませんか？

このような直感が働いたとき、それに従ってみてください。これをくり返しているうちに、電話が鳴っただけで相手が誰だかわかるようになるなど、どんどん感性が研ぎ澄まされてきます。すると相手の心の動きがわかるようになるのです。そばにいるときはもちろん、離れているときでも。となれば相手にどんな言葉をかけたらいいのか、どんな態度で接すればいいのかがわかってきます。

直接、相手に働きかけるだけではなく仕草をソフトにするだけでも心が通じるはずです。

人はやさしくやわらかい仕草に愛や思いやりを感じるからです。

手《て》なり

中指と薬指の動きで
手の表情を美しく

以前、生徒さんのおばあさまから「コーディネーションアカデミーの方々って様子がとってもきれいね」と、声をかけられたことがありました。「様子」というのは昔ながらの東京の言葉で、立ち居振る舞いのこと。このような声をかけられることからもわかるように、振る舞い方は想像するよりもずっと人の心に影響を及ぼすのです。

物は両手で扱い、置くときはソフトに。ひとつひとつの動作を丁寧《ていねい》に。電話を切る際は相手が切ったのを確認してから切る。まず日常生活にこのようなことを取り入れてください。大切なのは手の使い方。人の手の美しさは体の中でいちばん憧れるものといわれています。手に年齢が表れても、その仕草が美しいと、やっぱり美しく見えるのです。美しい手の動

きというのは、全身の仕草以上にその人の心《こころ》映《ば》えが感じられるもの。手の動きや仕草を表す日本語に「手なりに」という言葉がありますが、美しい手なりは万の言葉にも等しく、相手に思いを伝えることができるのです。

では、どうすれば手の動きを美しくできるでしょう。

その秘密は中指と薬指の使い方。この二本の指は自然に伸ばし、人差し指と小指は軽く離すようにするのです。バレリーナの手も、仏様の手もこのようになっていますよ。物を持つときは両手の中指と薬指に力を入れて。すると自然と手の表情が美しくなるのです。テーブルのお皿を持ち上げるとき、本を手に取るとき。中指と薬指の使い方に気をつけて、自分の手なりを目で確認してください。

美しい手なりからきれいな気が流れ出す、そんな日常生活を送るようにしてみましょう。

如月

二月のこよみ

一　二　三　四　五　六　七　八　九　十　十一　十二　十三　十四　十五　十六　十七　十八　十九　二十　二十一　二十二　二十三　二十四　二十五　二十六　二十七　二十八

立春《りっしゅん》

二月四日頃

「春の気立つを持って也」

「立つ」には「神秘的なものが忽然と姿を現す」という意味があり、立春は春が忽然とやってくる日なのです。旧暦ではこの日が一年の始まりとされていました。

雨水《うすい》

二月十九日頃

「陽気地上に発し、雪氷とけて雨水となれば也」

春の気配が強まりいつしか雪が雨に変わり氷も溶け始めます。ぬるんだ雨水が草木の発芽を促し、萌芽のきざしが見えてきます。

主な行事

節分（三日）

季節の分かれ目を意味しているため、もともとは立春・立夏・立秋・立冬の前日のことを指していました。それが立春を一年の初めと位置づける立春正月の思想により、いつしか立春の前日だけが節分として強調されるようになりました。立春の豆まきでは「鬼は外」といいますが、鬼とは冬の寒気や疫病、災厄のことをいい、もともとは「隠（おん）」と呼ばれていました。

弥生《やよい》・三月

美しく
たおやかに
強くあれ

黄《き》花《ばな》桃《もも》花《ばな》

黄色の花と桃の花で部屋の気を清浄に

弥生の「弥」には「いよいよ」という意味があります。その通り、三月になると木々や草木が生命力を増して、いよいよ芽吹いてきます。そうした草木のエネルギーを取り込んで、春を思いきり楽しみましょう。

まずは黄色の花。福寿草にレンギョウ、菜の花、ラッパ水仙やミモザなど、春は黄色の花から始まります。部屋の中に黄色の花を飾って、春の気を呼び込みましょう。

色彩学的にも黄色は元気をもたらす色なので、相乗効果でどんどんエネルギーが湧いてくるはずです。

イタリアには「フェスタ・デラ・ドンナ＝女性の日（三月八日）」というミモザのお祭りがあります。女性が明るく元気でいることはとても大切なこと。母親の元気がないと家庭

から火が消えたようになりますが、よりよい社会を築くためには女性のたおやかな美しさ、真の強さが必要なのです。

また、三月といえば桃の節句、雛祭りですね。おひな様を持っていないから何もしないというのではなく、ぜひ桃の花を飾ってみてください。

いにしえより「桃は五行の精なり」といわれ、邪気《じゃき》を祓う木とされてきました。

また、桃はその字から「兆《きざ》しを持つ木」であり、未来を予知し魔を防ぐ魔よけの木なのです。桃太郎が鬼退治をするのもこの信仰からで、「桃＝邪気祓い」が「鬼＝疫病、災厄」をやっつける、というわけです。

家の中に黄色の花と桃の花を飾ってエネルギーを体感してください。素晴らしい元気が満ちてきます。それが美しく、たおやかに、強くあるための第一歩だと意識しましょう。

軸《じく》と芯《しん》

自分らしく
時代を流れる

「本当の美しさ」とは何でしょう。私は自分の軸を持ち、芯を持っていることだと思っています。

一月の「真・善・美」の項でも触れましたが、自分の良心や魂に向き合い、自分の役割や生き方など、さまざまなことをくり返し訊ねていかなければなりません。その答えは簡単に出るものではありませんし、変わることもあるでしょう。けれどくり返すうち確信できる答えを得て、それが自分自身の軸・芯になっていきます。すると自分らしいオーラ＝気が美しく光り輝くのです。

ところで、しっかりとした見るからに強そうな木と、やわらかく曲がる木とでは、どちらが強い芯を持っていると思いますか？

実はやわらかい木の方です。

木を雪の重みから守る「雪つり」は、一見しっかりと立っているような木にこそ施されるのはそのためです。

真の軸や芯を持つということは、流されないで流れて生きていくことができる強さがおのずとそなわってくるということ。流されるのと流れるのとでは、似ているようでちがいます。軸を持ち、芯を持つ人は、時代の変化に柔軟に対応しながら、自分らしさを失わずに流れていくことができるのです。

先日、青山の花屋さんで素敵なご年配の女性を目にしました。深々と素敵に帽子をかぶった姿と仕草から、確かな軸・芯があるのを感じました。このような確かな生活を楽しんでいる美しい人に出会うと勇気が出ます。

美しく、自分らしいオーラを持つ人。そんな人が一人でも多くなれば素晴らしいと思いませんか？

絆《きずな》

夫婦の関係を考え直す

年度末でもある三月は、卒業、引っ越し、転勤など、人との別れが生じることが多くなります。そんな時期だからこそ、人と人との関係について考えてみましょう。

誰でも相手に対してやさしくありたいと願っているものです。でも、いつどんなときでも（たとえば自分がつらい状況に置かれているときでも）やさしくあるためには強くなければなりません。特に女性には芯の強さが必要だと思うのです。男性と比べて女性のほうが臓器も丈夫にできていることからも、生来、強さを秘めているのでしょう。

結婚生活では男性が仕事をしやすくしてあげられるような態度や言葉を心がけましょう。これは女性も仕事を持っている場合でもそう。女性は柔軟性に富んでいるため、覚悟さえ

縁結び

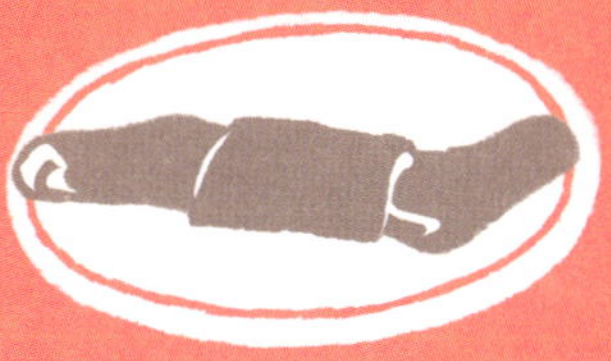

すれば意外とできてしまうもの。これはもう、女性に特権として与えられた賢さといえるでしょう。
　古風な考え方に思われるかも知れませんが、昨今の夫婦関係の悪化は、このようなことが忘れられているからではないでしょうか。夫婦とはお互いを尊敬し合って向上していくパートナー。思いを押しつけるのではなく、ゆとりをもって大きくとりまとめるような気持ちでいましょう。これは女性の力です。
　もちろん、うまくいかないこともあるでしょう。でもあきらめず、美しい言葉、愛あるあたたかい言葉をたくさん使って生活を紡《つむ》ぎましょう。良いことも悪いことも受け止めて、日々を重ねていくことです。知らないうちに強くなり、強くなればなるほど、おだやかで、たおやかで、美しくなっていきますよ。

期《き》

期を待つことのできる人へ

お互いを理解し合い、深い信頼を抱いていた人と、なんとなく疎遠《そえん》になることがあります。

少し前まではあうんの呼吸で話し合えたのに、なんとなくちぐはぐに感じられることもあります。

そんなとき、「もうこの人との関係は終わったんだ」などと、すぐに切ってしまわないようにしてください。

出会いもあれば別れもある、と、ドライな気持ちで縁を切るのは、私はおすすめできません。

人には時期というものがあります。

ぴったりと歩調が合うような時期もあれば、なんとなく合わないときもある。

それは自分と相手が、そのときどのような位置に立ち、ど

のような状況下に置かれているかによって微妙《びみょう》に変化するからです。

つかず離れず、少し連絡が途絶えても、自ら縁を切ったりせず待ってみてください。必ず関係が復活するときがあるはずです。

ヨーロッパではちょうど三月から四月の上旬あたりに、復活祭（イースター＝イエス・キリストが復活した日として祝うキリスト教の祭礼）があります。

太陽が輝きを増し、草木が再び生えることも、復活となぞらえることができます。

つまり三月は復活のときでもあるんですね。

人間関係にも必ず復活のときがある。

その時期はいつになるかわからないけれど、それを待つことのできるたおやかな強さを身につけたいものです。

弥生

三月のこよみ

一 二 三 四 五 六 七 八 九 十 十一 十二 十三 十四 十五 十六 十七 十八 十九 二十 二十一 二十二 二十三 二十四 二十五 二十六 二十七 二十八 二十九 三十 三十一

啓蟄

三月六日頃

「陽気地中にうごき、ちぢまる虫、穴をひらき出れば也」

陽の気が地中に流れだし、冬ごもりしていた虫たちが地上に出てきます。「啓」はひらく、「蟄」は虫が地中に閉じこもるという意味。

春分

三月二十一日頃

「日天の中を行て昼夜等分の時也」

太陽が真東から昇り真西に沈み、昼夜の時間がほぼ同じになります。お彼岸の中日。「煩悩の此岸《しがん》から智恵の彼岸へ」渡ることを祈願する日でもあり、それを目指して精一杯生きることが「般若心経」などお経に出てくる「波羅蜜多《はらみった》」という言葉の意味だといわれています。

主な行事

桃の節句／上巳《じょうし》／雛《ひな》祭り　(三日)

三月三日は五節句の上巳。中国ではこの日に曲水の宴が行われていました。それが五世紀末に日本に伝わった際、祓えの信仰と混合し、人形（ひとがた）に穢れを移して川や海に流す行事となりました。技術の発展と共に人形は装飾的なものとなり、鑑賞用の雛人形が作られるようになりました。現在のように雛人形を飾るようになったのは江戸時代になってからです。

卯月《うづき》・四月

おもてなし心

花詣《はなもうで》

年度初めはお花見で桜のパワーをもらう

日本では四月は年度初め。いわば生活の新年です。お正月や立春と同じように、新たな気が流れ始めることを感じてください。そして、ぜひ、花詣《はなもうで》にまいりましょう。花詣とは、お花見のことです。春になると各地から桜の便りが届きます。四月に入ると寒冷地を除いた多くの地方で桜の花が見頃を迎えます。

桜ほど日本人に愛される花があるでしょうか。昔の人は桜が咲くと里から山へ登っていって、桜の木の下で宴を開きました。そして、はらはらと散る桜の花を盃に受け、それを飲むことによって桜の神聖な力と春の生命力をいただいたのです。もちろん宴《うたげ》ですから、歌を歌ったり舞を舞ったり、春の喜びを全身であらわしました。それは、その年の豊作を祈願

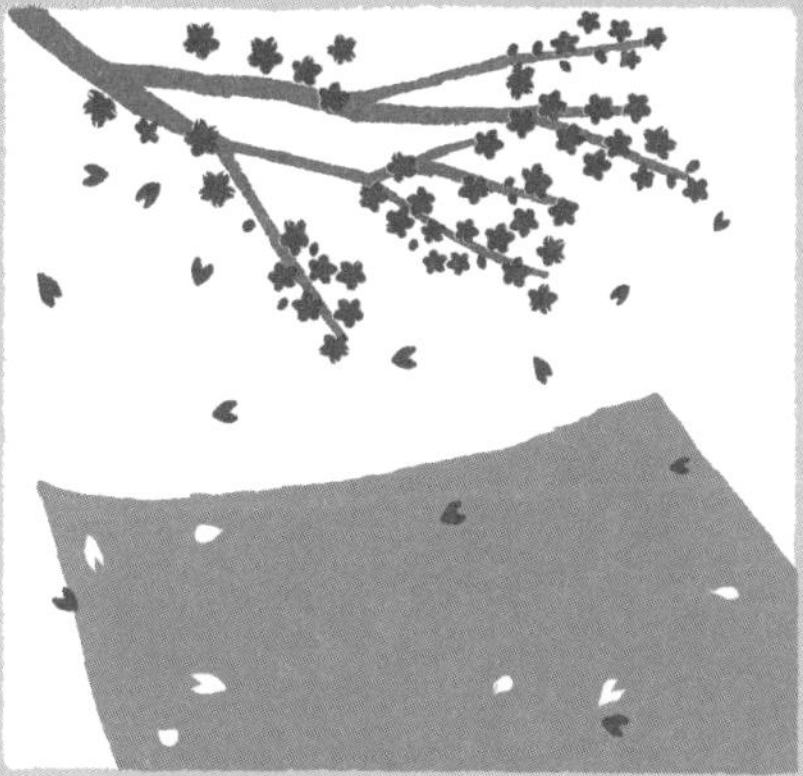

する意味もありました。

桜の名所では場所取りのために朝から花ござが敷かれ、あちらこちらで宴会が開かれています。にぎわいすぎて大混雑になることもありますね。

私は毎年、東京の千鳥ヶ淵へ桜を見に行きます。家康が江戸城を築城する際、非常によい方角、風水でいう吉方を選んだため、より桜の気が強いといわれています。

でも、必ずしも方角にこだわることはありません。まして名所でなくてもいいのです。

それよりも「私はなぜかこの桜《さくら》木《ぎ》が大好き!」というような、一本の桜木でもいいのです。大好きな桜木のもとで、桜を通して空を見上げましょう。

ひとしきり心のままに過ごして、年度初めのパワーを充電しましょう。

野《の》遊《あそ》び

大人の遠足で
春の気を全身に

卯月の「卯」という字には「茂《しげ》る」という意味があります。「卯月」とは、草木がさかんにしげり始める時期にふさわしい呼称なのです。

やわらかい春風が吹き、あちらこちらに咲き誇る花々の香りを運んできます。軽やかな春の装いなら心地よい風を直接、肌で感じることができるでしょう。風のやわらかさを全身で感じ、その香りを、思い切り深呼吸してください。どんどん元気がでてくるような気がしませんか？　これこそ、はつらつとした春の「気」なのです。

いきいきとした気は一雨ごとに勢いを増し新緑が深まっていきます。木々の緑は八割以上が四月に完成されることからも、その勢いのすごさがわかるでしょう。あふれるような生

命力を存分に吸収するには、春のピクニックがおすすめです。郊外の野山なら素敵ですね。あまり遠出ができないなら、都会にある広々とした公園でも大丈夫。お弁当に旬の食材を取り入れれば、食事からも春のパワーを吸収できます。

昔は家にいてはいけない忌《い》み日がありました。そういう日は戸外で過ごさないと厄を招くと信じられていたのです。春の物《もの》忌《い》みの日に野山にでかけていくことを「野遊び」といいました。草花の漲《みなぎ》る生命力を取り込んで、夏に向かう気力、生命力を養ったのです。自然に寄り添うように暮らしていた日本人ならではの、暮らしの智恵のひとつです。学校行事である春の遠足も、ここから始まったのです。

古人の智恵を現在の生活に生かして、ぜひ春のピクニックにおでかけください。素晴らしいリフレッシュになり、元気があふれてきますよ。

一服《いっぷく》

おもてなしをすると気の流れがよくなる

おもてなしとは心をデザイン（表現）すること。テーブルの演出からお料理まで、すべて気持ちの表現なのです。

何人かのお客様があるときは、主賓《しゅひん》となる人のことを中心にデザインしましょう。たとえば、とても忙しく過ごしている人なら華やかさより落ちついた雰囲気の演出で。お料理もやさしい味が向いています。こうすれば空間とテーブルの演出、お料理がバランスよくデザインされるのです。

忘れてならないのは、あなたらしさ。○○風の時代は終わり、今は私風の時代。自分なりの美しさを表現してほしいと思います。

お祝いごと以外にも、日常生活の中におもてなしを上手に取り入れてみましょう。お客様をお料理でお招きするだけで

なく、親しい友人や家族への、ちょっとしたお茶のおもてなしも大切にしましょう。
中国ではお茶は「気を入れる」こと。「一息いれる」とか「一服する」と表現されることからも、うかがい知ることができます。その理由は、もともとお茶は生薬《しょうやく》だったからです。お薬をいただいて、体を元に戻す、元気になるために、お茶を飲んでいたのです。「お茶にして気分を変えましょうか」って、いいますでしょ？
人が出入りするとなると家をきれいにして、季節の花などを飾ったりするようになりますね。すると家が元気になるのです。人の出入りがあるきれいな空間は気の流れが良いため、とても幸福な気持ちで過ごすことができるようになります。気は人の体の水に影響を与えますから、良い気であればあるほど、心は明るくおだやかになり、体も健康になります。

卓

おもてなしで
気のバランスをとる

おもてなしをする際、テーブルの演出をあれこれ考えるのはとても楽しいですね。私風を表現するとなれば、「がんばるぞ」と気合いも入ることでしょう。

でも、あまり張り切りすぎて華美になるよりもシンプルで美しいバランスを心がけましょう。主役はテーブルコーディネートやお料理ではなく、あくまでも人、お客様とあなたなのですから。

ところで、なぜテーブルセッティングが必要なのか、考えたことはありますか？　美味しいものというのは、目から口へ、口から心へと伝わっていくからです。

お招きしたお客様が、「素敵な時間が過ごせそう！」と、嬉しくなるようなテーブルなら、お料理はいっそう引き立ち

ます。季節の匂いや香りを一緒に味わうとき、人は笑顔になり心は広やかになります。小さなことにこだわらなくなって、悩んでいたことも、「まあいいか」などと思うことができるようになるのです。

こうして楽しく食卓を囲むことによって消化酵素が充分に分泌され内臓の働きが活性化します。するとホルモンバランスが改善されるため情緒のバランスがとれるようになり、免疫力もアップするのです。そうなると体の気の流れもよくなって、内面のエネルギーが増していきます。ストレスが溜まっていたり体調が悪いときは、気の流れが滞っています。おもてなしに限らず、ふだんの食事やちょっとしたティータイムでも、やさしさが感じられるテーブルを作れる人になりましょう。

大切な人の心身のバランスを上手にとる秘訣です。

卯月

四月のこよみ

一 二 三 四 五 六 七 八 九 十 十一 十二 十三 十四 十五 十六 十七 十八 十九 二十 二十一 二十二 二十三 二十四 二十五 二十六 二十七 二十八 二十九 三十

清明《せいめい》

四月五日頃

「万物発して清浄明潔《せいじょうめいけつ》なれば、此芽は何の草としれる也」

万物にいきいきとした気がみなぎってくる時期。桜をはじめ花々が咲き乱れるころで、はつらつとした気配があたりを覆います。

穀雨《こくう》

四月二十日頃

「春雨降りて百穀を生化すれば也」

穀雨とは穀類を潤す春雨のこと。雨の恵みを受けた大地からは春爛漫の陽炎が立ちのぼり、新緑が深まっていきます。

主な行事

花祭り（灌仏会《かんぶつえ》）（八日）

お釈迦様の誕生日を祝う祭り。各地のお寺でお釈迦様の像に甘茶をかけたり、甘茶を竹筒に入れてもらってきたりします。甘茶をかけるのは、お釈迦様が誕生したとき九つの龍が天から清浄の水を注ぎ、産湯を使わせたという伝説によるもの。

皐月《さつき》・五月

リズムとバランス

眠《ねむ》り

睡眠でリズムを
深呼吸でバランスを

なんだか今ひとつ波に乗れない、なんとなく疲れを引きずってる。

五月にこうした状態になる人は、意外に多いものです。新年度から始まった新たなリズムに慣れていないためのひずみか、逆に日常生活がマンネリ化してしまって心身に気の滞りが生じているかが原因です。

そんなとき、何よりもまず重要視してほしいのは睡眠。私たちの体は眠っている間に大仕事をしています。副交感神経が活性化し、傷ついた細胞を修復して病気を治し、その日の疲れを癒します。朝になると体重も減っていますが、これは免疫力が高まって、体が食べものをこなしているからです。眠ることは復活と再生のための大切な仕事なんですね。特

に再生能力が高くなるのは午後十一時〜午前二時。この間はできるだけ眠りについていたいものです。

毎晩、お風呂に入って体を温め、全身を清潔にして、いざ眠りにつくときは、すべての邪気を祓うという意識で床に入ってください。そして朝になったらカーテンと窓を開け放ち、自然の陽光をたっぷり浴びましょう。そこで思い切り深呼吸をしてみるのです。朝一番の新鮮な気が頭のてっぺんからつま先まで満ちていくように。

朝に限らず、一日に何度か深呼吸をくり返しましょう。おへそから指三本分下の「丹田《たんでん》」から、深い呼吸を行うのです。そして、声を出すときもおなかの底のほうから出すような気持ちでいましょう。

睡眠で乱れたリズムが整い、深呼吸でバランスが取れてくれば、自然と元気がでてくるはずです。

拍子《リズム》

心に留めておきたい
くり返し行う大切さ

あなたは今、ダンスのレッスンをしています。まだ新しいステップを憶えたばかりでリズムに乗れず、思わずバランスを崩してしまう…。

頭でわかっていても体が思うように動かない。こういうことって、誰にでも経験がありますよね。リズムに乗り、バランスを取るのは、すぐにはできないことなのです。だから、生活のリズムを整えバランスを取ろうとしているのに、なかなかうまくいかなかったとしても、焦る必要はありません。そのうち慣れてくると信じて、心を波立たせることなく、くり返していきましょう。

新生活のリズムはまず左脳から入って、あなたはそれにあわせて行動します。でも、まだ頭でわかっているだけで、体

で覚えているわけではありません。だから、慣れなくてつまずいたり、焦ったりしてしまいます。

それでも自分で自分をなだめ、あきらめずにくり返していくと、まるで土に水が浸透するように、整理された情報が右脳に記憶されるのです。「体で覚える」感覚は、右脳に記憶されたときに生じるのです。これがリズムに乗り、バランスを取るということ。

生活のことに限らず、仕事やお稽古《けいこ》ごとでも、くり返すことによってリズムとバランスが自然と身についてきます。すると、リズムの合間にある遊びの部分に、その人らしさが滲み出てくるようになるのです。それが自分の力を発揮することでもあり、その人ならではの美しさでもあるのです。くり返すことの大切さを心に留めて、生活のリズムを整え、日々の生活をおだやかに、いきいきと重ねていきましょう。

皐月力《さつきりょく》

菖蒲で体を浄め
四神で邪気を祓う

生活にマンネリ化を感じたりストレスを上手に解消できないときは、皐月の力を借り、四神《しじん》にお守りいただきましょう。

皐月といえば五月五日の端午《たんご》の節句。

この日は菖蒲を飾ったり菖蒲湯に浸かったりしますね。そのため菖蒲の節句ともいわれます。

菖蒲は邪気を祓い疫病《えきびょう》を除くといわれています。お部屋に菖蒲を飾れば滞った気を浄めてくれますし、菖蒲湯に浸かれば心身が浄化されます。

そして、四神とは四方の守護神とされる聖獣《せいじゅう》です。

青龍《しょうりゅう》＝東＝青（緑）、朱雀《すざく》＝南＝赤、白虎《びゃっこ》＝西＝白、玄武《げんぶ》＝北＝黒（紫）となり、それぞれ象徴する色を持っています。

こいのぼりは正式には四神の枠台に飾られますし、かつて

は大相撲でも土俵の四方の柱に四色の布が巻かれていました。今は四方の上方から房が下げられています。

部屋の四方に、四神のそれぞれの色を用いましょう。色紙を貼るだけでも大丈夫。クッションやちょっとした飾りなどインテリア雑貨を使うのもいいですし、花が豊富な時期ですから、お気に入りの花と緑の葉をあしらって、飾ってみるのもいいと思います。

このようにすると空間が守護神に守られて、気が浄化されます。守られている部屋でゆったり過ごせば、その日の疲れも癒され、心も落ち着いてきます。

休日を利用して出かけるのも気分転換になりますが、お部屋ですごす時間も楽しんでみましょう。

気が増し、充実し、春から始まった新生活の緊張がゆるむことによって生じる五月病も消えてなくなるはずです。

薬玉《くすだま》

よもぎとくす玉で夏を健やかに

端午《たんご》の節句にくす玉を柱にかける習慣があるのをご存じですか？

くす玉は「薬玉」と書き、ジャコウや沈香《じんこう》、丁字《ちょうじ》などの香り高く薬効のある植物を綿袋（または沈香袋ともいう）の中に入れ、五色の糸を長く垂らすのです。

五色の糸はこいのぼりの吹き流しと同じ青（緑）・赤・黄・白・黒（紫）。これは陰陽五行にちなんだ色で邪気を祓う霊力があると信じられています。つまり、香りと五色とで邪気を祓い、魔よけのまじないをするのです。

これを九月までかけておき、重陽の節句（陰暦九月九日）に茱萸《しゅゆ》を入れた赤袋（茱萸袋《しゅゆぶくろ》）と交換します。くす玉は夏を健やかに過ごすためのものなんですね。

これは現在のアロマテラピーにも通じます。アロマと同じ感覚でくす玉を飾ってみませんか？　とても良い香りで気が清浄になるのを感じますよ。

また、よもぎも邪気を祓うために用いられます。よもぎは昔から「気を益し、肌を充たし、目を明らかにし、聡慧《そうけい》にして先知すること、久しく服すれば飢えず、老いず、身を軽くす」といわれてきました。元気が出て肌がきれいになり、目もスッキリして、続けていれば飢えることなく老いもせず、太らない（！）、だなんて、すごいと思いませんか？

古人は医学的な知識はなくとも、自然と向き合う生活の中で植物の持つ力を知ったのでしょう。これもまた連綿とくり返されたことの結果です。

経験による智恵を、現在の生活にも生かしていきたいものです。

五色《ごしき》

陰陽五行と五色の色

陰陽五行思想《いんようごぎょうしそう》とは、この宇宙の森羅万象《しんらばんしょう》の成り立ちを説いた中国の哲理です。

いっさいの万物《ばんぶつ》は陰と陽（天と地）の二気によって生じ、木・火・土・金・水の五気が輪廻《りんね》し作用することによって成り立っているという考え方です。五気は、色・方位・季節・惑星・天神・内臓・十干・十二支などを象徴するとされ、色はそれぞれ青（緑）、赤、黄、白、黒（紫）があてられます。

木気は植物の象徴で青（緑）。昔は、青というのは緑色のことをいいました。そのため現代ではここは緑といったほうがわかりやすいことでしょう。

そして火気はまさに火の色で赤。土気の色は大地の色で黄色。金気は冷たく光る金属の白。

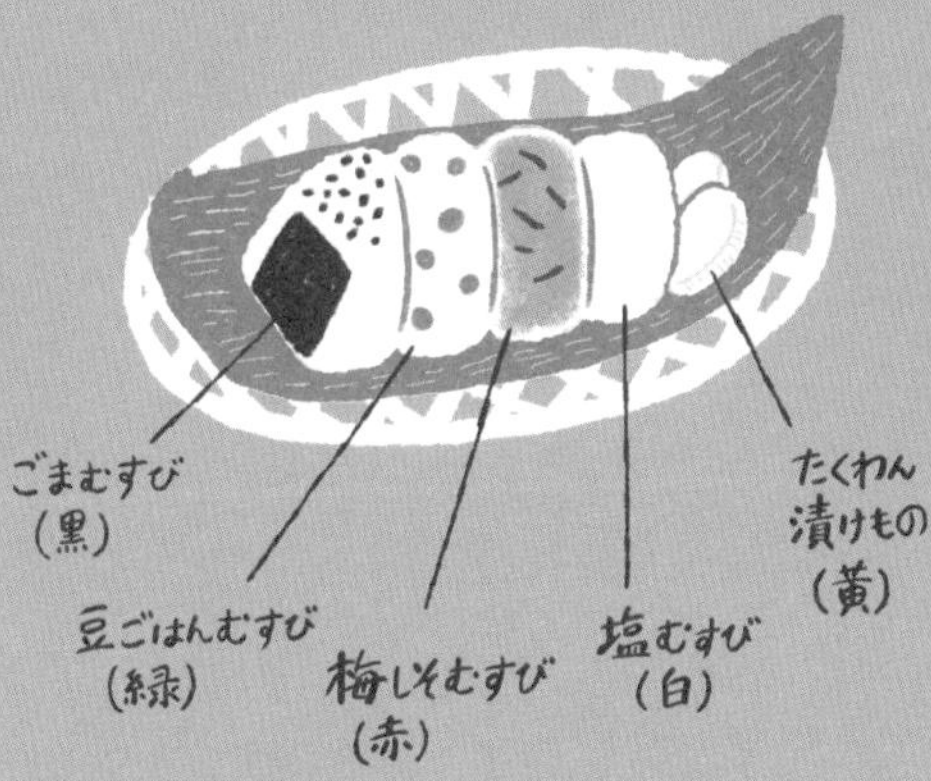

水気は、水は暗く低いところに集まるため黒。黒は紫で表現されることもあります。

宇宙の万象を象徴するこの五色は、邪気を祓い、穢《けが》れを浄めると考えられています。そのパワーは龍も怖れるとされるほどだと信じられてきました。出港する船を見送る際には五色のテープで別れを惜しみます。この習慣も海に住む龍の災いを避けるまじないからきているといわれています。

こうした陰陽五行の哲理をわかったうえで、五色の色を生活の中に上手に取り入れていくと精神のバランスをとりやすくなります。インテリアはもちろん、工夫して食事に取り入れてもいいと思います。

「守られているから大丈夫！」という安心感は、なにより心の安定を生み、それが体調をも整えていくことでしょう。

皐月

五月のこよみ

一 二 三 四 五 六 七 八 九 十 十一 十二 十三 十四 十五 十六 十七 十八 十九 二十 二十一 二十二 二十三 二十四 二十五 二十六 二十七 二十八 二十九 三十 三十一

立夏《りっか》

五月六日頃

「夏の立つがゆえ也」

風が爽やかになり夏の気配が感じられます。鮮やかな新緑は日毎に青さを増して深緑へと色を重ねていきます。

小満《しょうまん》

五月二十日頃

「万物盈満《ばんぶつえいまん》すれば草木枝葉繁る」

立夏から十五日目。麦の穂が成長し、山野の植物は花を散らして実を結び、田に苗を植える準備などが始められます。

主な行事

端午《たんご》の節句（五日）

端午の「端」は「はじめ」という意味で、月のはじめの午の日を端午といいます。現在では新暦の五月五日をこどもの日として祝日にしていますが、もともとは陰暦の五月五日（新暦では六月）が端午の節句でした。古代中国では陰暦五月は悪月、凶の月とされ、中でも五月五日は悪月の頂点とされました。そのため、野に出て薬草を摘み、よもぎで人形を作って門に掛け、菖蒲酒を飲み、菖蒲湯に浸かるなどしました。これらはすべて災厄から免れるためのお祓いだったのです。

水無月《みなづき》・六月

更衣《ころもがえ》

生活の周辺をシンプルにする

一日は更衣《ころもがえ》で、現在でも制服が夏服に切り替わる日です。この習慣は平安時代からのもので、単に衣服だけを夏服に着替えるだけではなく、生活全般を見直して夏向けに整えていきました。昔は家具までも入れ替えたのです。

雨で休日でも家にいる機会が多いでしょう。いっそ家中を整理整頓してみませんか？

まず手をつけたいのは水回り。キッチンを清潔にするのはもちろん、洗面所やお風呂、トイレなども清潔が保たれているか確認し、手が行き届いてないところはきれいに掃除しましょう。

台所仕事の中では、調理器具を清潔にすること、なかでもふきんをこまめに取り替えることが大切です。

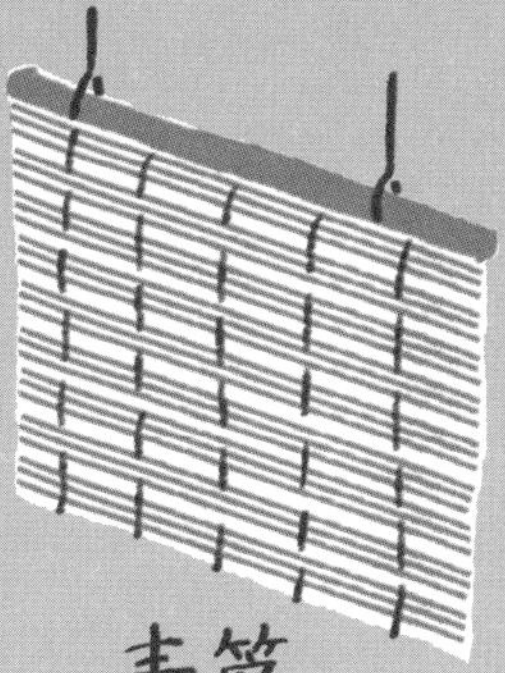

青簾

健康面から気をつけたいのは寝室と寝具の見直しです。先に眠りの大切さを述べましたが、上質な眠りのためには寝室や寝具が快適でなければなりません。

軽い肌触りのコットンや麻など、心地よい夏向けの素材の寝具に替えましょう。そして寝室にはできるだけ無駄なものを置かないように、すっきりと整理しましょう。

寝室に限らず物を少なくすると、生活がシンプルになり軽やかな心持ちでいられます。自分にとって必要な物は何なのかをよく考え、持ち物の取捨《しゅしゃ》選択《せんたく》をしてみましょう。しばらく着なかった服や使っていない食器などは思い切って処分します。捨てるのがしのびないものはリサイクルショップやバザーなどを利用して。

身の回りがシンプルになると、自分自身がよく見えるようになってきますよ。

梅《つ》雨《ゆ》

不安定になりがちと心得て過ごす

梅雨入り直前になると、うっとうしい日が続き、なんとなく気分も鬱《うつ》してきます。六月は旧暦の五月。今、「五月病」というと五月の連休明けに新生活の緊張がゆるんだことによって生じる、心身のバランスを崩してしまう状態を指しますが、もともとはこの月にかかってくるものです。だいたい、木の芽どきから六月にかけては情緒不安定になりやすいものです。春先は寒暖の差に体がついていかなかったり、木々の美しさゆえ繊細《せんさい》になりすぎるきらいがありますし、六月は曇りや雨が多く憂鬱《ゆううつ》になってしまいがち。自然がめざましく発展するこの時期は変化が激しく、自然界も不安定です。森羅《しんら》万象《ばんしょう》がそうしたリズムなのですから、心が不安定になるのも仕方がないのです。なんといっても人間も自然の一部、いえ、

自然そのものなのですから。

六月の声を聞いたら、「今月は不安定になりがちなとき」と心得て過ごしましょう。おなかを大切にし、背筋を伸ばし、意識してシャキッと生活しましょう。そして、気が鬱してしまう前に、上手に切り替えるよう心がけましょう。

梅雨は六月十一日前後、旧暦五月の壬《みずのえ》の日あたりから、七月の壬の日あたりまで。「黴雨《ばいう》」といわれていたのが、「梅雨」の字をあてられるようになったという説があります。そのとおり、この時期は黴《かび》が生えやすく、疫病《えきびょう》が流行ることもしばしば。六月三十日に神社で行われる大祓《おおはらえ》で身心を浄め、健やかに過ごせるよう祈願してはいかがでしょう。

また、家も片づけをして、きれいにすると、ふさいでいた気分もすっきりしますよ。

品性《ひんせい》

品性は自分で教育し、向上させるもの

雨は好きですか？　それともきらいですか？

たいていの人が雨をあまり好みません。でも梅雨はどうしたって雨が降るもの、いっそ雨を楽しんでみましょう。それにはまず「雨＝嫌い」という思考習慣を変えてみることです。

梅雨時の雨は植物や農作物を育てる恵みの雨ですから、感謝の気持ちを持ちたいもの。それに、水は生命の象徴であるばかりか、穢《けが》れを流す浄化力もあります。古来、自然の神秘として水をたたえ大切にしてきました。そうしたことを深く考えていると、しっとりと落ち着いた雨の気配が風流に思われます。このように思考習慣のクセを意志の力で切り替えると品性が向上していきます。品性とは自分で教育し、伸ばしていかなければならないもの。そしてこれは一生、続けてい

くことなのです。たとえば何か失敗をしたとき。「また失敗しちゃった」とパニックになるのではなく、まず冷静になりましょう。そして、いつもなら「どうして私ってダメなんだろう」と思うところを、「どう対処すればいいかしら」というように切り替えるのです。マイナスを自らの力でプラスに転じさせる、とでもいいましょうか。

最初はうまくいかなくても、自分に言いきかせて、前向きな思考習慣をなぞっていくこと。自分の心をなぞりながら、プラスの方向へ導いていくのです。何度もくり返していくうちに、それが自分自身になって、マイナスの思考習慣は消えていきます。そのときにはもう、目の前の出来事に左右されず、冷静に対処できるあなたになっているはず。

つまずいても常に前を向くうちに、品性は磨かれていくことでしょう。

夏至《げし》

美もお金も あとからついてくる

六月も半ばを過ぎると夏至です。

冬至で立ち上がった陽の気は極まり、夏至で陰に転じていきます。この日は一年で最も昼の時間が長くなりますが、梅雨の真っ盛りの時期で雨のことが多く、日の長さを体感することはなかなかできないでしょう。

春から夏にかけて勢いを増し続けた生命力は、この日を境に充足へと向かいます。これから夏が来るのですが、体は徐々に冬に向かってエネルギーを蓄えていくようになるのです。

梅雨に目を楽しませてくれる紫陽花《あじさい》をはじめ、春先に種を割って出てきた草花の芽は、今や成長しきって完成された美しい姿となっています。

人の美しさも、これと同じではないでしょうか。

美しくなりたいからといって「美」ばかりを追い求めるのは少しちがうと思います。

美しさは、あくまで結果。自分自身の殻を打ち破り、つらさに堪え、痛みを受け入れながらも光を目指していった結果、美しさが備わったのです。

これはお金についてもいえることです。儲けだけを考えていると、なかなかお金は得られません。けれど、これが自分の役割だと心得て一生懸命にやっていくと、いつの間にか、お金はあとからついてきているものです。

そうして得たお金は丼勘定などせず、きちんと大切に扱っていくことで、さらに仕事を広げることもできるでしょう。

「結果が大事」といわれますが、そこから学ぶものはありません。経過こそ学ぶものがたくさんあり、何を学んだかによって美しさの度合いも決まるのではないでしょうか。

水無月

六月のこよみ

一 二 三 四 五 六 七 八 九 十 十一 十二 十三 十四 十五 十六 十七 十八 十九 二十 二十一 二十二 二十三 二十四 二十五 二十六 二十七 二十八 二十九 三十

芒種《ぼうしゅ》

六月六日頃

「芒《ぼう》ある穀物、稼種《かしゅ》する時也」

稲や麦といった穀物を植えつける季節を意味しています。蝶や虫、蛍の姿も見られ、梅の実が黄色くなり始めます。芒種を過ぎると間もなく梅雨入りです。

夏至《げし》

六月二十一日頃

「陽熱至極し、最も日の長さ」

陰陽の逆転が起こり、陰の気が立ち上がってきます。春から夏にかけて気を発散してきた自然が、このときを境に冬に向かって力をたくわえるようになります。

主な行事

半夏生《はんげしょう》

新暦では七月二日頃にあたります。もともとは仏教の僧が陰暦四月十六日から七月十五日までの九十日間、一定の場所で修行する夏安居（けあんご）の中間の日を指す言葉でした。その時期に咲くサトイモ科の毒草カラスビシャクのことを半夏と呼ぶようになり、「半夏が生ずるころ」を半夏生というようになりました。

このころには天から毒気が降る、大地が陰毒を含み毒草を生じるといわれ、竹の子・わらび・野菜を採取したり竹林に入ることなどを避ける風習がありました。

文月《ふみづき》・七月

心を澄ませる

七夕《たなばた》

七夕と「七」という数字の不思議

梅雨明けももう間もなく。そして七日は七夕です。

現在の七夕は日本固有の盆迎えの信仰が中国の星伝説や乞《き》巧奠《こうでん》の風習と混ざり合ったもの。織女《しょくじょ》・牽牛《けんぎゅう》の二神が降臨する夜に禊《みそぎ》を行い、翌日、天空に帰って行くときに穢《けが》れを持ち去ってもらう、と考えられました。

笹に願い事を書いた五色の短冊を飾り、翌日それを川に流す風習があるのも禊ぎの意味合いでした。

短冊の五色はもちろん陰陽五行の五色です。

まだ梅雨が明けておらず雨になることもあると思いますが、七夕の夜はこうしたことを意識して、静かな気持ちで過ごしてみてはいかがでしょう。

ところで「七」という数字が私たちの生活と深い関係があ

ることをご存じですか？

月は七日ごとに新月→上弦の月→満月→下弦の月→新月とくり返します。こうした月の満ち欠けは潮の干満にも影響します。また、人体の約七割は水分です。人の細胞が生まれ変わるのも約二十八日だといわれています。

仏教では死者を弔《とむら》うための法要を、四十九日まで七日ごとに行います。

六月の項で思考習慣のクセを自分で教育し自分のものにするにはくり返しが必要であることをお話ししました。左脳から入った情報が右脳に入ったときが「体で覚える＝自分のものにする」ことでしたね。

このくり返しも七の倍数二十一日間でだいたい完成するのです。何事もまず二十一日間、と思うと、気持ちがラクになってくり返しも苦になりません。

手《て》紙《がみ》

自分らしい文字で暑中見舞いを

七月は和風月名《わふうつきめい》では文月といいます。これは七月七日にちなんだ呼び名だといわれています。というのも、七夕飾りの短冊に書く願い事は、もとは歌や字が上達するようにという内容だったからです。また、書物を開いて夜気にさらす風習があることから文月とされたという説もあります。いずれにしても、文や文字が関係しているのですね。

七夕のころはちょうど小暑で、暑中見舞いを出すのはこの日からになります。暑中見舞いは、本来ならご挨拶に訪ねていくところを葉書でご容赦《ようしゃ》いただくという、簡易な形式のもの。それを思えば、大切な人には印刷した暑中見舞いではなく、手書きでしたためたいものです。

字が下手だから、などといやがらず、あなたらしい文字で

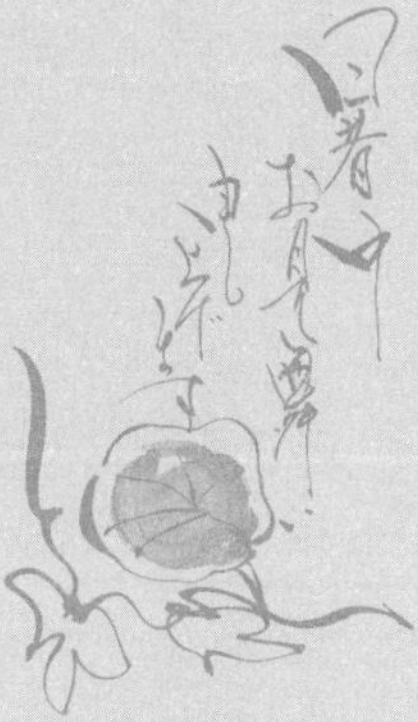

心をこめて書いてみてはいかがでしょう。絵が得意であれば絵手紙にして、相手を思う言葉や夏らしい言葉などを、ほんの一言添えても素敵です。

手紙や葉書以外にも、半紙や和紙など好きな紙に、和風月名や季節の言葉を心のおもむくまま絵を描くように書いてみましょう。漢字やひらがなはもちろん、英単語で綴ったり、だいたんな絵で表現するのも素敵です。こうした季節の美しい言葉を書くと、美しい和のエネルギーが体に流れ出します。

心を映しだす文字を書くということは、上手・下手という域では語れないもの。相手の方を思いながら、心をこめて文を綴っていけば、思いの伝わる暑中見舞いになることでしょう。

ちなみに暑中見舞いは八月七日まで。八日からは残暑見舞いになります。

お盆《ぼん》

蓮の葉とともに
安らぎのひとときを

七夕は、本来は十五日を中心とするお盆の行事の始まりを告げるものでした。現在は八月十五日を中心に「お盆休み」となります。ですから、七月七日から八月半ばにかけては、お盆の期間としてご先祖様に心を向けるときと受け止めていいでしょう。

私たちのこの命のうしろには、無数の命が数珠のように連なっています。そして、どれひとつ欠けても、この命は存在しません。この命を大切に受け継いでいけば、命の数珠はさらに連なります。

そうなれば未来の子孫にとって私たちは先祖。自分の命から生まれ出た人たちの幸せを願う気持ちになりませんか？

人は土から生まれ土に還り、人の守護神となります。お盆は

守護神となったご先祖様をお迎えし、共に過ごすときなのです。

とはいえ家の気が澱んでいると、お迎えしたくてもできません。まずは片づけて掃除をし、すっきりときれいな空間にしましょう。そして玄関などに蓮の葉に二〜三滴の水を落としたものを飾るのです。蓮の葉はこの時期に出回るお供えのセットに、直径が十五〜二十センチぐらいのものが入っています。それをガラスのボウルに入れます。こうすれば浅椀のような形になり、水滴がこぼれずに澄むのです。

これを閼伽水《あかみず》といいます。迎え火や送り火を消す際は、この水滴をみそはぎに含ませて消します。

蓮の葉には血液や体液を浄化する薬効があるうえ、こうして飾るだけで家の気を浄化してくれるのです。

清らかな空間で守られることの安らぎを感じてください。

蓮香《れんが》

心耳で聞く
迦陵頻伽《かりょうびんが》の声

待ちかねていた太陽が輝き出すと、バカンスに気持ちがはやります。けれど、静かなひとときも大切にしましょう。夏という季節に心身のバランスをとる秘訣です。

この時期は蓮の花が盛りを迎えます。仏様の花として知られる蓮の花。その葉には迦陵頻伽《かりょうびんが》という美しい鳥がときおり舞い降りると伝えられています。

迦陵頻伽とは仏教で雪山《せっせん》（または極楽）にいるといわれている想像上の鳥。その声は、世にも妙《たえ》なる鳴き声ゆえに仏様の声だと信じられています。

迦陵頻伽は蓮の花かごをさげてたおやかに舞い、時折ふわりと蓮華座《れんげざ》に片足で降りては、またゆるやかに舞いあがっていく…。

機会があれば、まだ日も昇りきらない早朝から、蓮池を訪れてみてください。朝日を浴びて花開くとき、清らかな香りも漂ってきます。迦陵頻伽が美しく舞う様子を思い浮かべながら瞑想《めいそう》してみましょう。難しければ、夜、火を灯したキャンドルとボウルに飾った蓮の葉を近くに置いて過ごしてみましょう。

心耳《しんじ》を澄ますと天の声が聞こえるといわれています。それは内面世界に働きかける大切なメッセージ。自己の健全性を保つためにこのようなひとときを過ごすことは、とても大切です。

蓮香の空のなか、迦陵頻伽のささやきをお聞きください。
耳を澄まし、心を澄まし、心でお聞き取りください。
心深く真の言の葉があなたに伝わりますように。

陰《いん》陽《よう》

悪いことがあってもワクワクできる

夏の午後は不安定で、空模様が急変することがあるものです。眩しいほどに晴れたかと思うと突然、暗雲が広がって夕立が来たり、まるで人生のようでもありますね。

日常生活のちょっとした出来事から人生を揺るがすような出来事まで、人の一生というものは、それぞれ波乱に富んだものです。

いいことがありますようにと願うのは人の常ですが、実際にはそうもいかず、悪いことは必然的に起こります。それは、この世のすべてが陰と陽で成り立っているからなのです。

でも、だからといって不安になることはないのですよ。陰陽で成り立っているということは、悪いことが起きれば次には良いことが起きるということなのですから。

「先生はまったく苦労をしてこなかったような顔をしておられますね」

私はよくそんなふうに言われてしまいます。それはどうやら悪いことが心に残らないからです。忘れるというのではなく、悪いこと＝陰の出来事が起きた次には、良いこと＝陽の出来事が起きることを知っているので、「ええ、これって次はどんないいことが起きるの？」なんて、ワクワクしてくるからなのです。

もちろん悪い出来事が大きければ、良い出来事も大きくなります。だからかなり深刻なことが起きてしまうと、なおさら、「うわー、きっとものすごく良い出来事が控えてるんだわ」などと思うわけなのです。

陰陽の仕組みを理解して自ら心を浄化することも、たおやかに強くあるためには大切です。

文月

七月のこよみ

一 二 三 四 五 六 七 八 九 十 十一 十二 十三 十四 十五 十六 十七 十八 十九 二十 二十一 二十二 二十三 二十四 二十五 二十六 二十七 二十八 二十九 三十 三十一

小暑《しょうしょ》

七月七日頃

「大暑来れる前なれば也」

この日を前後に梅雨が明け、太陽が照りつけるようになり本格的な夏が訪れます。暑中見舞いなども出されるようになります。

大暑《たいしょ》

七月二十二日頃

「暑気いたりつまりたゆるへなれば也」

一年で最も気温の高い時期。蒸し暑さが増し、大雨が降り、夏の土用になります。桐の蕾がつきはじめ、蝉時雨のなか、サルスベリの鮮やかな花が咲き始めます。

主な行事

七夕《たなばた》

五節句では七夕（しちせき）。平安時代以降、七にちなんだ行事が行われました。江戸時代では七つの硯を台に置いて梶の葉に和歌を書いて七首詠んだり、ウリや鮑を七つに切って七つの器に入れる、灯火を七本灯すなどされました。七夕祭りとしては各地で趣向を凝らした七夕飾りがされます。しかしいずれも翌日にはきれいさっぱり川に流してしまいます。これは水に流す、水で浄める（禊ぎ）といった日本独特の風習です。

葉月《はづき》・八月

立秋《りっしゅう》

立秋の気配を感じ生活に取り入れる

八月に入ると間もなく立秋です。

とはいえ秋は名ばかりで、一年で最も気温が高くなる時期です。多くの人が、まだまだ夏を楽しもうという感覚でいることでしょう。

でも、そんな中にも秋の気配は確実に漂い始めているのです。朝、日が昇る直前の空気の中に。ツクツクボウシの声、雲の高さや空の色、夕暮れ時に吹き抜ける風の中に。郊外などちょっとした自然のあるところではひぐらしが鳴き、朝夕に霧《きり》が発生することもあります。

こうして注意してみると、確かに季節の変わり目を感じることができます。そして、このような自然のささやかな変化を感じ取ることのできる感性を持つことが、周囲の気を敏感

に察知することにもつながるのです。

ところで、日本には美しい言葉がたくさんありますが、この時期の空を示した「ゆきあひの空」という言葉もそのひとつです。

立秋のころは夏の風と秋の涼やかな風が混在し、空では夏の雲と秋の雲が行き交います。それを昔の人は「ゆきあひの空」と表現しました。

かすかな季節の変化を感じ取り、それを言葉で表現してみたり、空間づくりやテーブルコーディネート、お料理など生活の創意工夫に取り入れてみる。

心豊かで幸せな生活とは、このようなところから生まれてくるとは思いませんか。

感性を研ぎ澄まし、季節の変わり目をしっかり受けとめるようにしてみましょう。

実《みの》り

立秋を過ぎたら目標をたてる

季節の変わり目である立秋を過ぎたら、ひとつでも、ふたつでも目標を立てましょう。

あまり大それた目標よりも、どちらかというと日常生活の中のちょっとした目標がいいと思います。

たとえば、歩き方に気をつけよう、きちんとした姿勢を保つようにしよう、おだやかで美しい言葉づかいを心がけよう、などといったような立ち居振る舞いに関する目標でもいいですし、家を片づけてもっと快適にしようとか、考え方の癖をなおそうといったようなことでもいいと思います。

目標を決めたら、毎日の生活の中で自分に言いきかせ、達成できるよう小さな努力を積み重ねていきましょう。どんな目標であれ、続けていくことが大切です。

最初はたいへんでも、続けていくことによって徐々に自分のものになっていきます。

しまいには、目標としていた姿は、いつの間にか「自分自身」になるのです。

こうして離れていた目標を引き寄せ、自分自身にしてしまうまで、だいたい二十一日間です。

難しい目標であればもっとかかると思いますが、小さな目標であればだいたいこれぐらいの日数で目標を達成するものです。二十一日間くり返せば自分のものになるというお話は、前にも述べましたね。

秋は実りの季節。ひとつひとつは小さなことでも、集まれば頭を垂れる稲穂のように豊かな実りをもたらすことができます。秋本番に向かって、あなた自身の中が充実し、達成感を重ねられるよう、今から努力していきましょう。

勤《いそ》しむ

大切なものを確認し、それを守る努力をする

立秋を過ぎて目標を立てる際、自分にとって大切なものは何であるかを確認しましょう。

それによって、自分にとって本当に必要な目標が何であるかがわかってくると思います。

黒澤明監督作品のひとつ『まあだだよ』の中に、私の大好きな、とても感動的な言葉があります。

「自分にとって大切なものを見つけてください。見つかったら、その大切なもののために努力しましょう」

昨今、世の中では努力することをいやがる向きがありますが、人は努力しなくてはさまざまなことを乗り越えることは

立三升《たてみます》　網目《あみめ》

七宝《しちほう》　籠目《かごめ》

できません。そして、乗り越えることができないのであれば大きな喜びを味わうこともできないものです。

努力することは、まるでひと針ひと針縫う手縫いのように、先が長く感じられ、つらくなることもあるでしょう。けれども、人が多くを学ぶのは、何かに向かって努力しているときではないでしょうか。

努力すること、がんばることは、私はやっぱり大切なことだと思うのです。

おだやかに、静かな気持ちで心の奥深くに問いかけてみましょう。今のあなたにとって最も大切なものは何でしょう。

人であれ、ものであれ、ことであれ、自分にとってなくてはならない大切なものをしっかりと確認してください。そしてそれを守るためには、どんな努力をすればいいのか、考えてみましょう。

重続《じゅうぞく》

重続・持続がその人をつくる

目標が決まったら、それを重続させる決意をしましょう。

「重続《じゅうぞく》」という単語は本来ありません。言霊《ことだま》から来る考え方をもとにした私の造語です。

日本では同じ音に魂が宿ると信じられてきた言霊信仰があります。そのため、言葉を重ねることや連ねることを大切にしました。重続は、重ねて合わせて連ねる、そんな日本らしい意味合いを表現しています。

籠を編んでいくような、コツコツと小さな努力を重ねることを、今の人はいやがりますが、日々の重続・継続こそが自分自身を創っていきます。それは長きにわたってひとつの分野を極めた方々の成果を見てもわかることではないでしょうか。日々の重続が達成感を生み、達成した人の顔はそのとき

籠のつくり方

1. 井桁組を別の蔓で固定
2. 縦芯を一本切り落として奇数に
3. 交互に縦芯を潜らせて編む
4. 深さができたら止めをつくる

一皮むけたいい顔になります。

私のお教室でも、数ヶ月の準備期間を経て作品展を無事に終えたとき、生徒さんたちは誰もが素晴らしい笑顔でした。それはもう、苦しいことがあっても「これを切り抜ければ」と前を向いてやってきた人だけが得られる、きらきらと輝く表情でした。

感動や喜びは、残念ながら「棚からぼた餅」式に落ちてくるものではありません。自分自身の足で歩み、自分自身の手でつかみ取ってこそ得られるもの。

ただ、どんなに努力しても納得できる結果を得られないこともあります。そのときはだめなものはだめとして、自分の中に落とし込む勇気を持ちましょう。そして次のステップへと切り替える賢さを持ちましょう。

こうした勇気や賢さも、日々の努力がもたらす果実です。

葉月

八月のこよみ

一 二 三 四 五 六 七 八 九 十 十一 十二 十三 十四 十五 十六 十七 十八 十九 二十 二十一 二十二 二十三 二十四 二十五 二十六 二十七 二十八 二十九 三十 三十一

立秋《りっしゅう》

八月八日頃

「初めて秋の気立つがゆえなれば也」

朝夕が涼しくなり、あたりにかすかな秋の気配が漂い始めます。暑中見舞いはこの日を境に残暑見舞いに変わり、日が落ちるのも早まってきます。

処暑《しょしょ》

八月二十三日頃

「陽気とどまりて、初めて退きやまんとすれば也」

「処暑」とは暑さがおさまるという意味。穀物が実り始め、収穫の秋が目の前です。台風が襲来するころでもあり、収穫前の農作物が嵐に襲われることもしばしば。

主な行事

盆行事

現在はお盆休みは八月半ばの一週間から十日間であることがほとんどです。江戸時代、盆は藪入りといって、女房や使用人が暇を取って実家へ帰る日でした。実家では家族一同が集まって祖先の霊前でくつろぐ風習でした。盆行事の風習は迎え火・送り火をはじめ、盆踊り、大文字焼きなどがあり、各地によってさまざまです。

長月《ながつき》・九月

あらためて知る
和の美しさ

重陽《ちょうよう》

一年で最も良い日
重陽の節句を祝う

九月といえば重陽《ちょうよう》の節句。

かつては五節句のうちでも最も大切な節句とされ、江戸時代には最も大事な行事として重視されていました。

重陽の節句は旧暦九月九日。この日は一年の中でもいちばん良い日で必ず大安です。

もし晴れていたら、戸外で過ごしましょう。邪気《じゃき》が払われ、体も心もより清浄になります。

五節句の最後をしめくくる行事でもある重陽の節句は、陽数の九が重なっていることから「重陽」といいます。

陽が極みに達すると陰が兆し、陰が極みに達すると陽が萌す、という考え方を持っていた古代中国では、十は全数で数の頂点ですが、満ちれば欠ける数とされます。

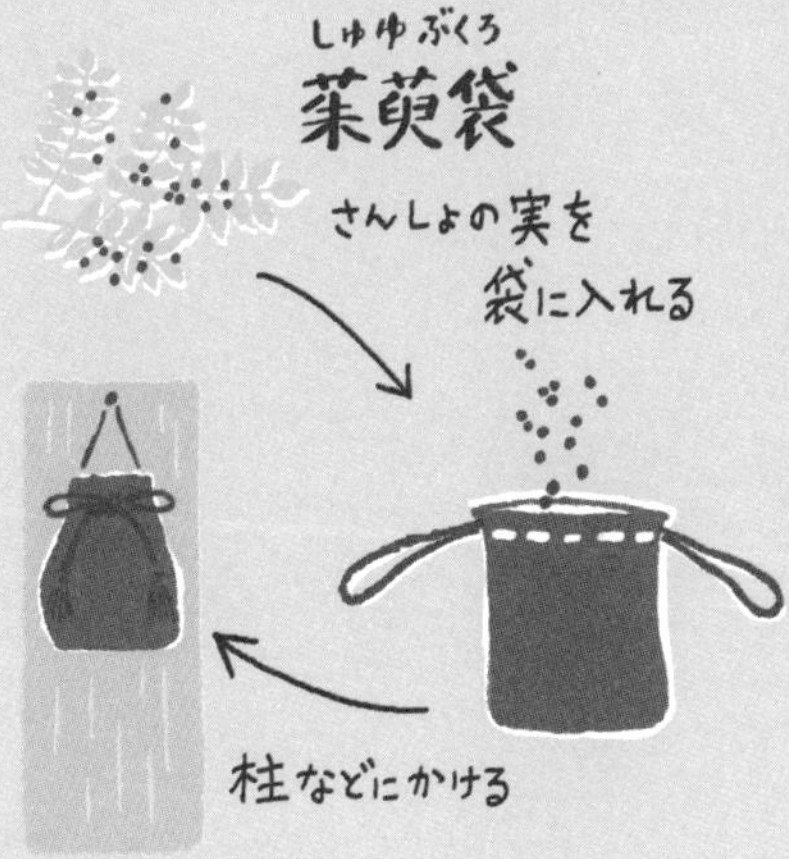

そして、九を満ちて極まった数として、陽の極数・最高の数と考え、天の数、天子の数として神聖視したのです。

重陽の節句のころは空気も澄み渡り、初夏のころとはまたちがった、秋らしい落ち着いた爽やかさが感じられるものです。現在では、桃の節句や端午の節句などといった他の節句と比べてあまり注目されなくなってしまった重陽の節句ですが、この日を「最良の日」だと意識して、大切に過ごしてみましょう。

端午の節句に柱に掛けた薬玉は、この日に茱萸袋《しゅゆぶくろ》と交換します。茱萸《しゅゆ》とは山椒《さんしょう》のことで、香りの高さが邪気を祓うとされています。

五月から九月まで気を浄化してもらった薬玉にかわって、九月から来年五月までは茱萸が邪気を祓い、寒さを防いでくれるのです。

菊花

菊の日本的美しさと薬効を見直す

重陽の節句は菊の節句ともいわれます。この時期は菊の季節でもあり、さまざまな色と姿の菊が目を楽しませてくれます。

日本では天武天皇の時代から菊見《きくみ》の宴《うたげ》が催されていました。それに平安時代に中国より伝わった菊花の宴が加わり、例年の儀式となっていったのです。

昔から菊の花には霊力があり、長寿の効果など薬効成分があるとされてきました。

菊の花を枕に詰める菊枕などはその代表的なもので、邪気を祓い頭痛を取り、目をスッキリさせるといわれています。

また、似たような習わしに「菊の被綿《きせわた》」があります。これは、夜のうちに菊の花に綿をかぶせ、翌朝、朝露で濡れた綿

で顔や体を拭うと老衰を防ぐことができるというもの。

とても優雅で美しい習わしですね。

でも、わざわざ菊枕を作ったり、菊の被綿を実際に行わなくても、菊の香りをかぐだけで気分がすっきりして爽やかな心地になるものです。いわば菊のアロマテラピー。精神が浄化され安定すれば体調も良くなります。

かつて宮中に仕える女性は、重陽の節句からは表が白、裏が蘇芳《すおう》色または紫の襲《かさね》を着ました。これを菊襲《きくがさね》というなんとも美しい日本語で表現しています。

菊に対して仏花などのイメージを抱く人が多いようですが、着物からありとあらゆる伝統工芸の文様にも使われてきた菊は日本的な美しさを余すことなくたたえた花です。

菊の花の美しさを見直すことは、日本人の美意識を確かなものにするきっかけになるのではないでしょうか。

お月《つき》見《み》

宝鏡を持つ帝釈天が人間界を訪れる夜

中秋の名月にはお月見をする人も多いと思いますが、十五夜だけでは片見月になってしまいます。昔はこれを忌み嫌い、必ず十五夜と十三夜の月を愛でました。

十五夜は旧暦八月（現在九月）十五日、十三夜は旧暦九月（現在十月）十三日です。

ところで、帝釈天《たいしゃくてん》が十五夜と十三夜に人間界を回るのをご存じですか。古代インドの思想では、人間界は七つの山と七つの海でできており、その中心となる最高峰の山である須弥《しゅみ》山《せん》には帝釈天が住んでいるとされました。帝釈天は人間世界を見渡して、人が善行に励み悪行に走らないよう見守っています。

手には帝網《ていもう》を持っており、その結び目は水晶の宝の珠でで

きています。珠は世界に住む一人ひとりの心で、ひとつの心がとなりの結び目の心に話しかけると水晶の珠は光り輝き、それがさらにとなりの結び目の心に伝わります。

こうして次から次へとまるで鈴の音が鳴り響くように伝わるのです。宇宙のすべての生命は網の目のように繋がり水晶の輝きで照らし合い、響き合うことでなりたっているというわけです。

十五夜と十三夜の夜になると、帝釈天は宝鏡《ほうきょう》を持って人間界を訪れます。そして、帝網の目から闇の底に落ちて光を失った珠を受けとめます。すると珠は再び光を放ち響き合うようになるのです。この帝釈天の宝鏡の形代《かたしろ》がお月様なのです。

お月見にはこんないわれもあることを思いつつ、お月様の光をたっぷりと受けとめましょう。

月光浴《げっこうよく》

自分本来の気を
月の光で取り戻す

神秘的な月の光は、見る人の心をかぎりなく清らかに、おだやかにします。私は月光浴が大好きで、よく窓辺でお月様を見上げています。ひとしきりそうして過ごしていると、体の奥の方から清らかな気が充溢《じゅういつ》してくるのがわかります。

ふだんの月光浴でも気をパワーアップできるのですから、十五夜・十三夜となればいっそうのことです。お月見の晩は帝釈天が宝鏡を手に自分を照らしてくれているのだと意識して、感謝の気持ちを抱きながら夜空を見上げてみてください。

夏至から流れはじめた陰の気は、秋の深まりとともに強くなります。この時期は内側を充実させるとき。お月見で月のパワーを吸収することは、よい気を保つために大切です。

もし季節の変わり目に体が追いついていかない、生活のリ

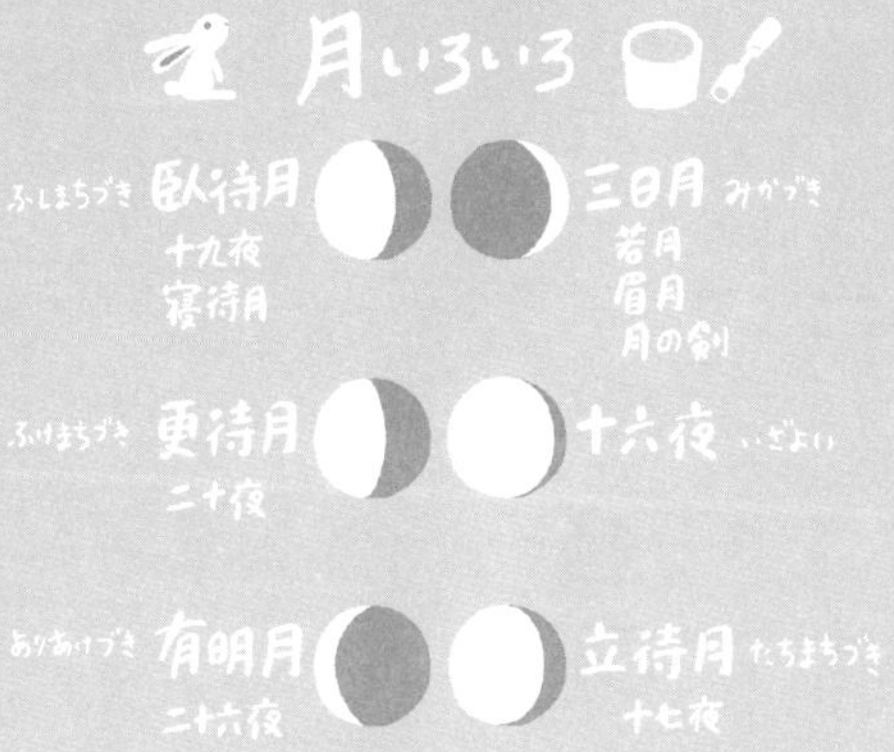

ズムが乱れて気分が落ち込みがち、というようなことがあれば、特に心待ちにして、帝釈天の宝鏡に照らされているのだ、と強く信じるようにしてみましょう。

何事でも、子供のように素直に、信じる気持ちを大切に受け止めてみると、大切なものがまっすぐに入ってくるのを感じませんか？

十五夜と十三夜に月の光を浴びると、気の力が落ちている状態だったとしても、本来の自分の力が出せるところまであげることができます。気の力が落ちていない人は、月光浴でいっそうの充実をはかることができます。

そうして帝釈天の恵み、月の力に助けられたあとは、自分がやるべきことに前向きに向かっていきましょう。

水晶の珠のようにキラキラ光り輝く笑顔が誰かの心に伝わり、鈴の音が鳴り響くのが聞こえますよ。

長月

九月のこよみ

一　二　三　四　五　六　七　八　九　十　十一　十二　十三　十四　十五　十六　十七　十八　十九　二十　二十一　二十二　二十三　二十四　二十五　二十六　二十七　二十八　二十九　三十

白露《はくろ》

九月八日頃

「陰気ようやく重なりて露にごりて白色となれば也」

「白露」とは文字通りしらつゆのこと。秋気が爽やかに澄みわたり草木に宿る白露が深まる秋を感じさせます。露は人の世の儚さをも示し、はかない気配が漂う時季。

秋分《しゅうぶん》

九月二十三日頃

「陰陽の中分となれば也」

彼岸の中日で、先祖を敬い御霊を偲ぶ日。雷が鳴らなくなり、夏の虫は地中に隠れ、水田は水を干し始め収穫に備えます。昼夜の長さはほぼ同じですが、春分と比べて気温は十度ほど高め。

主な行事

秋分の日

秋のお彼岸の中日。先祖を敬い、亡くなった人の御霊を偲ぶ日です。このころになると秋の七草も見られるようになります。萩、尾花、葛花、撫子（なでしこ）、姫部志（おみなえし）、藤袴（ふじばかま）、朝顔が秋の七草で、朝顔は桔梗のことを指します。春の七草が食用であるのに対して、秋の七草は用途が垣根や咳の薬など、生活に密着しています。

神無月《かんなづき》・十月

さわやかさを
大切に

灯火《ともしび》

さわやかな気を感じ呼応する

十月になると男女の縁結びの相談をするために、全国の神々が出雲大社に集まります。そのため、出雲では「神在《かみあり》月《づき》」、そのほかではかみなしづき、つまり「神無月」になったといわれています。

この時期になると秋も本番となり、収穫の秋の言葉どおり、全国各地でさまざまな農作物の収穫が行われます。そして、収穫の無事と五穀豊穣を感謝するための、お祭りも行われます。九月の項でお話ししたお月見も収穫を祈る行事でもあり、十五夜を芋名月、十三夜を栗名月と呼ぶのはそのためなのです。

空は高くなり、風も心地よく、一年でも最もさわやかな気があたりに満ちています。まるで収穫に忙しい人々を応援す

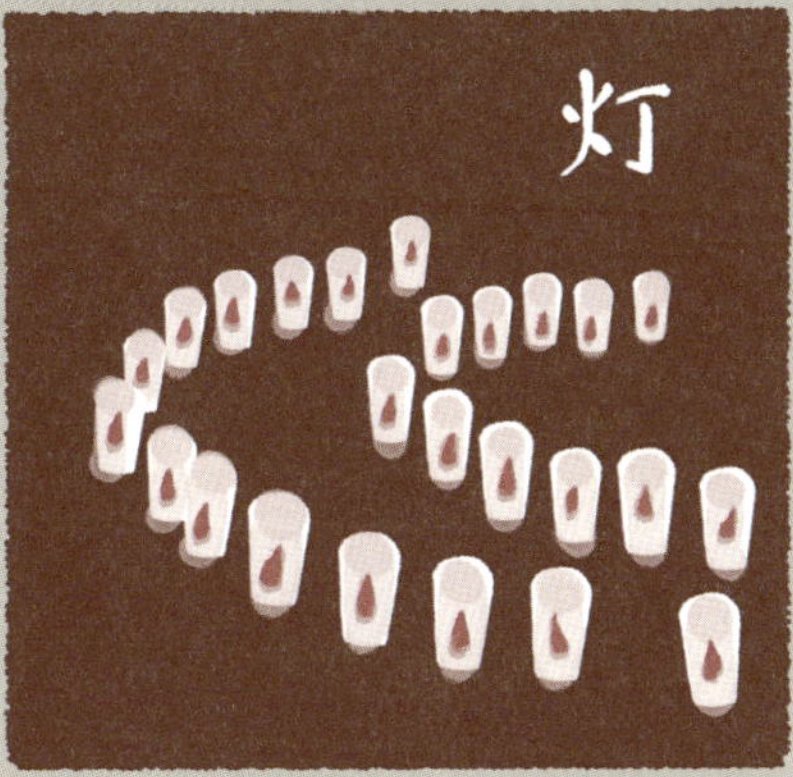

るかのようです。

このような季節が告げるさわやかな気を、心を開き、おおらかな気持ちで感じましょう。そして、感じ取ることができたら、今度は呼応してみるのです。さわやかな振る舞いや話し方、すがすがしい様子でいられるよう自分自身を導いていくのです。

また、清潔感も大切です。派手に装うよりも、さっぱりとして清潔感のある様子は見る人を気持ちよくさせますし、何よりも気品が感じられます。身ぎれいにしているひとは、それだけでさわやかな気をまとっているといってもいいでしょう。秋風のような颯爽とした美しさをたずさえた人は、周囲の人の心に明るい灯火をもたらし、幸せな気分を与えることができます。そして周囲の人の幸せな笑顔から発されるエネルギーが、その人に返ってくるのです。

滋《じ》養《よう》

滋養《じよう》豊かな根菜で体と気を養う

秋になると店先を賑わせるのが、柿や栗などといった実りのものや、大根や芋類といった根菜です。

根菜は体を温める作用がありますから、寒くなり始めるこの時期にぴったりな自然の恵みといえます。

秋に限らず自然はいつでも私たちの体に必要なものをもたらしてくれます。旬を食卓に載せる大切さは、それゆえなのです。

根菜はまた、気を養ってくれます。

根気という言葉がありますが、根っこの部分が強い人は少々のことではくじけません。目の前に立ちはだかる壁を、文字通り根気よく乗り越えていきます。

現在の生活は、おなかがすけば簡単に食べ物が手に入りま

す。バランスよく栄養素を含んでいるとされるドリンクやビスケットのようなスティックもあります。でも、そのような食べ物は、ほとんどの場合、自然の力が秘められていないのです。数字の上ではさまざまな栄養素が含まれているとしても、大切な生きた自然の気が入っていないのです。「キレやすい」という言葉が使われるようになって久しくなりますが、その大きな原因のひとつに、食の問題があるのは明らかではないでしょうか。「食はその人の運命を左右する」といわれるのも頷《うなず》けます。

人は誰でも持って生まれたものがあります。それを生かし、さらに伸ばしていくためには、体の中に何を取り入れたらいいのかが鍵となります。

収穫の秋に、その人の多くが食べ物で決まるということを考え直してみましょう。

黄金《こがね》

紅葉《もみじ》狩《が》りで冬に備《そな》える

春の桜の便りに代わって、秋は北の国や標高の高いところから順に紅葉《こうよう》の便りが届くようになります。

四季のはっきりしている日本では紅葉がとりわけ美しく、いにしえの人々も山野に紅葉を訪ね、紅葉狩りを楽しんだものでした。紅葉狩りは能や歌舞伎、長唄などの題材にも取り入れられています。

いにしえの人々に習って、秋は紅葉狩りに出かけましょう。色の美しさもさることながら、色づいた葉はなんともいえない良い香りがします。

特に初冬の銀杏《いちょう》の葉には薬効があり、私は生徒さんに「銀杏の葉を踏みにいきましょうよ」と声をかけるのです。

足もとから銀杏《いちょう》の香りが立ち上り、なんともいえないさわ

やかさ。中国では冬に風邪を引きにくい体になるといわれています。

また、枝から離れ落ちる直前の紅葉《こうよう》には、春から育んできた気が満ちています。色づいた森の中を歩くことは、冬に向かっていく体にエネルギーを養うのにぴったり。免疫力が上がることが科学的にも立証されています。

西洋でも森へ狩猟に出かけ、ジビエ料理などをします。

こうした昔ながらの風習の中には、自然のリズムに呼応して体と心を健やかに保つ智恵があふれていることが多いもの。秋の味覚をたっぷり詰めたお弁当を持って紅葉狩りに出かけるのは、自然の理にかなっているうえ、とても素敵な秋の過ごし方です。

ちなみに現在は「紅葉＝紅い葉」ですが、本来は「黄葉」で、黄金色に染まった葉が日本の秋の色とされていました。

秋大祭《しゅうたいさい》

澄んだ声、美しい言葉で気をきれいに

その年の秋に初めて見た紅葉のことを「初紅葉《はつもみじ》」といいます。ようやく薄く色づきはじめた状態は「薄紅葉《うすもみじ》」。秋の陽光がさんさんと降り注ぎ、照り輝いている紅葉のことは「照《てり》紅葉《もみじ》」と表現されます。

日本語にはつくづく美しい言葉があるものだと思いませんか？　せっかく日本に生まれたのですから、このような美しい言葉を実際に使える人になりましょう。美しい言葉をつかうと、周りの気もとてもきれいになるのです。

また、さわやかな態度、澄んだ声を響かせることのできる人になりましょう。明るく、澄んだ声で話すと、気は一瞬にしてきれいに変化します。例えば秋祭りの御神輿《おみこし》。威勢のいいかけ声が響き渡るのを耳にすると、こちらまで力が湧いて

きませんか？
普段から挨拶や返事を良く通る声でするように、はきはきと答えるように心がけましょう。
人生はいろいろな出来事がありますから、気が沈んでいるときは声も沈みます。そんなときは、自然の理から学んでみましょう。紅葉は霜にあたってこそ色鮮やかに染まるもの。農作物は寒風にあたることによって甘くなります。海の魚だって水温が冷たくなるほど脂がのっておいしくなります。
人も同じことではないでしょうか。つらいことを乗り越えるたび人は少しずつ自分に対して自信を持つようになり、人間としての味わい深さが出てきます。悲しみを乗り越えるほど、人の心の痛みのわかる、深い愛情のある人に成長していきます。自然界の理は人間界の理でもあるということを、秋はわかりやすく教えてくれているのです。

神無月

十月のこよみ

一 二 三 四 五 六 七 八 九 十 十一 十二 十三 十四 十五 十六 十七 十八 十九 二十 二十一 二十二 二十三 二十四 二十五 二十六 二十七 二十八 二十九 三十 三十一

寒露《かんろ》

十月八日頃

「陰寒の気に合って、露むすび凝《こ》らんとすれば也」この季節、野の草花に宿る露が寒露です。五穀の収穫もたけなわとなり、山野は紅葉に彩られ秋の深まりが感じられます。

霜降《そうこう》

十月二十三日頃

「つゆが陰気に結ばれて、霜となりて降るゆへ也」秋の終わり、霜が降りることから「しもふり」とも。楓《かえで》をはじめとする紅葉が一気に深まり、リンドウや紫式部など紫の花が咲きこぼれます。

主な行事

神嘗祭《かんなめさい》

例年十月十五日から十七日に行われる伊勢神宮の大祭。天照大御神（あまてらすおおみかみ）が天上の高天原（たかまがはら）で、新嘗（にいなめ）を食したという『古事記』の神話に由来し、伊勢神宮鎮座以来の歴史を持ちます。『大宝律令』にすでに国家の常典とされ戦前までは国の大祭日になっていました。

霜月《しもつき》・十一月

和みの微笑を
たたえた人へ

望《のぞ》み葉《ば》

望《のぞ》み葉《ば》から
再生の力を感じる

霜月は文字通り霜が降る月です。

時おり春を思わせる暖かな日がありますが、これはよく知られる小春日和で、この月特有の言葉です。

神無月が紅葉の季節であったのに対して、霜月は落ち葉の季節。俳句の季語には枯葉、寒林《かんりん》、冬枯《ふゆがれ》、霜枯《しもがれ》といったものから、柿落葉《かきおちば》、朴落葉《ほおおちば》、枯柳《かれやなぎ》、枯桑《かれくわ》といったような特定の樹木の落ち葉や枯れ木を表すものもあります。いずれも日本語ならではの美しい言葉です。

季語ではありませんが「望み葉」という、やはり美しい言葉があります。

枯葉や落ち葉といった言葉には、どこかもの悲しい響きがありますが、「望み葉」は希望を感じさせます。そればかり

か、実際に落ち葉には望みがたくされているのです。

降り積もった落ち葉の下にある土には、わずかスプーン一杯分の中に約五十億のバクテリアと二千万の放線菌《ほうせんきん》、百万の原生動物、二十万の藻類・菌類が生息しているといわれています。これらの生き物は落ち葉を食べて、植物の肥料を作っています。木々はこの肥料を吸い上げて、春、強い生命力をたたえた新芽を芽生えさせるのです。

落ち葉は春の再生を用意する「望み葉」でもあるのですね。

晩秋の森や木々のある公園で、土の上に柔らかくつもった「望み葉」を踏みしめながら、心をそっと静めてみてください。朽《く》ちた葉と土のにおいがひんやりとした空気の中に漂って、あたりには密やかな、それでいて確かな力が満ちていることを感じてみましょう。

再生の気を取り込むことは、次の春の力になるのです。

人《にん》気《き》

私が来れば元気になる！という人になる

人の発する気は、おどろくほど周囲に影響を及ぼします。明るい気を発する人が部屋に入ってくれば、花が咲いたように一瞬にしてその部屋の空気が明るくなりますし、逆に沈んだ人が来ればあたりの空気は一変し、居合わせた人もなんだか憂鬱な気持ちになってしまいます。

周囲を明るくできる人は、幸福を引き寄せる力に満ちているといえます。

木々が葉を落とすこの時期は、野鳥がよく見られるようになります。淋しい風景の中に舞い降りたその姿とさえずりは、人の心に明るさをもたらしてくれます。周囲を明るく照らす人というのは、たとえるならこうしたものです。

たとえ、つらいときだったとしても笑顔を忘れず、明るく

さわやかに振る舞えば、周囲の人の心は和み、あたりの気は活気づいてきます。それがその人に還ってきて、その人の気はますますきれいに、力を増していくのです。

幸福とは与えられるものではなくて、与えることによって得られるものではないでしょうか。

幸福になりたい！と願うのは誰でも同じ。そのためには、周囲の人を明るくしたい、幸せにしたい、という気持ちをいつでも抱くように自分を教育していきましょう。

そして、自分の中にある気をいつでもよい状態に保つ努力をして、太陽のようなエネルギッシュな明るさ、月のような清らかで落ち着いた輝きをたたえるようにしましょう。

「たとえみんなが沈んでいても、私が来れば元気になるわよ。まかせて！」というぐらいの前向きな気がまえでいることをおすすめします。

和《わ》顔《がん》

きれいな人とは
雰囲気をまとう人

霜月には初冬の気配があたりを満たします。落ち着いた気配でありながらも、どこかはかなく淋しいような感じもするものです。

このような気が漂うとき、人の心はぬくもりや和み、なぐさめやいたわりといったものを自然と求めるようになります。

和顔とは、和みの微笑です。愛ある笑顔、スマイルの美しさです。

いつでも和やかで、あたたかい笑顔をたたえ、楽しい会話をもたらしてくれる人は、時間と空間に活気をもたらし、あたりの気を和やかにします。

初冬の時期などは、そんな人の魅力がいっそう増しますし、周囲の誰もがそうした雰囲気をまとう人を知らず知らずのう

ちに求めていることでしょう。

きれいな人とは、美しい雰囲気をまとう人のこと。「あなたといると心が和む」「接していると勇気がわいてくる」「なんともいえず穏やかになる」、そんなふうに受け止められる雰囲気を持つ人に、人はあこがれるものではないでしょうか。

見せかけの美しさはいつか崩れてしまいます。でも、自分で磨きあげた内面からわき出る気品と豊かさ、穏やかさは、永遠の美しさをつくりあげるのです。

あなたはぜひ、和顔を忘れない、きれいな人になってください。

そのための良い方法をひとつ。毎朝、顔を洗ったら素顔の自分を映し、童顔が残っているか、幼子のように素直な笑顔かどうか、チェックするのです。大丈夫なら、あなたはきれいな人なのですよ。

縁起《えんぎ》

強いもので身を守る

この時期は冬至を前に陰の気がますます強くなります。けれど陰は悪いものではなく必要不可欠なもの。潮の満ち引きを例に取れば、満ち潮が陽、引き潮が陰で、満ちてばかりでは大変です。月の満ち（陽）欠け（陰）も、昼（陽）と夜（陰）も、吸って（陽）吐く（陰）ことも、相反する両者がひとつになってこそ成り立つのです。この時期は陰の気のおかげで、一年の実りを迎えた後で静かにゆっくり本来の自分を取り戻すことのできるときです。静かに静かに気の流れが静まるとき。こんなときは自分の内側に気持ちを向けましょう。

まず、「今は冬至前で、強い陰の気が悪いものを消して身を守ってくれているとき」という意識を持ちます。そして生

活の中に暖色系のものを取り入れましょう。テーブルウェアや雑貨、花などを暖色系にすることによって運気が上がるのです。昔の人は、病など災厄から身を守る際には「強いもの」を用いました。赤が魔除けの色であることはその代表例ですし、花嫁さんが金襴緞子の帯を締めるのも幸せになる強い運気を守るため。酉の市は派手な飾り物で運気をかき集め、新藁を束ねて棒状にしたもので地面をたたく亥の子突きは土地の気を強めるためです。

また、「私は気を盛りあげることができる」と信じることも大切です。気迫・気構えという言葉があるように、どのような「気」で向かっていくかによって結果が左右されることも多いもの。自分の大切なもの、好きなものを選び抜くのも、「強いもの」で身を守ることになります。この時期は今一度、生活の確かさ、色、物のバランスを見直してみましょう。

霜月

十一月のこよみ

一 二 三 四 五 六 七 八 九 十 十一 十二 十三 十四 十五 十六 十七 十八 十九 二十 二十一 二十二 二十三 二十四 二十五 二十六 二十七 二十八 二十九 三十

立冬《りっとう》

十一月七日頃

「冬の気立ち初めて、いよいよ冷ゆれば也」

日脚が急速に短くなり、北国や高地からは初冠雪の便りも届くなど冬の気配に包まれます。寒冷地では大地が凍り始め、全国的に冷たい時雨（しぐれ）が降ります。

小雪《しょうせつ》

十一月二十二日頃

「冷ゆるが故に雨も雪となりてくだるがゆへ也」

寒さが増し雨は小雪に変わります。北風に落葉が舞い、山は深い雪に包まれて冬ごもりに入ります。みかんが黄ばみ始めるのはこの頃。

主な行事

酉《とり》の市《いち》

東京・浅草の鷲神社や新宿の花園神社など各地で、十一月の酉の日に行われる祭礼の市が酉の市。最初の酉の日を一の酉、次を二の酉、その次が三の酉です。商売繁盛を祈って、「福をかき込む」「福を取り（酉）込む」ということから熊手、おかめ、入り船などの縁起物の飾りが売られます。三の酉まである年は火事が多いという言い伝えがありますが、これは鶏のとさかが赤い炎に似ていることから連想されたものだということです。

師《し》走《わす》・十二月

終わりとは
はじまりのこと

事始《ことはじめ》

ことはじめで
家も軽く心も軽く

一年のしめくくりである師走は誰にとっても慌ただしく、毎日が飛ぶように過ぎていきます。

せき立てられるような気分になるのは、冬至間近の強烈な陰気のせいもあります。

そんなときこそ意識して自分を落ち着かせ、残り少ないその年を、一日一日、大切に過ごしていきましょう。

昔の人は十三日を「ことはじめ」といって、お正月を迎える準備、新しい年の年神様《としがみさま》を迎える準備を始めました。

これにならって身の回りや生活環境をきちんと整理し、いい気で一年を締めくくり、いい気で新年を迎えましょう。

「終わり」とは「はじまり」でもあるのです。

暮れに限らず、気分が落ち着かないようなときは片付けを

していらないものを始末し、きれいに掃除をすると気持ちが落ち着いてきます。

身の回りが軽くなると人は心も軽くなるものです。生活がシンプルになり、わずらわしい思いをすることが少なくなるからでしょう。

これは家にしても同じことがいえるのです。大掃除の後、「家が軽くなった」と感じませんか？

そう、家も軽くしましょう。

家の気をきれいに保つためには、循環が欠かせません。家だって、呼吸しているのですから。毎朝、窓を開けてその日の気を入れることから始めますが、家の中が物であふれかえっているようでは、気がうまく循環しません。澱《よど》みができると、そこから不快な気が発生します。ことはじめをきっかけに、家をきれいに保つことの大切さを見直しましょう。

所作《しょさ》

心が伝わる
お金の扱い方

よく、お金の使い方に品性が表れるといいます。でも、扱い方にもその人の品性はおおうべくもなく表れてしまうのです。十二月はボーナス月なうえ、お歳暮やクリスマス、お正月の準備などお金を扱うことがとても多くなります。そこで、お金の扱い方を見直していきましょう。

まず大切なのはお金を扱うときの所作を静かに、少なくすること。外国では紙幣を一枚ずつ投げるように渡しながら数えることがありますが、若い人の中にこのような所作の人がいるのが残念です。日本では指先で枚数を数えてから、「お調べください」といってそっと渡します。控えめな所作は、大切にしたい日本ならではの美しさ。お金は絶対に投げ出さず、ソフトランディングで置きましょう。

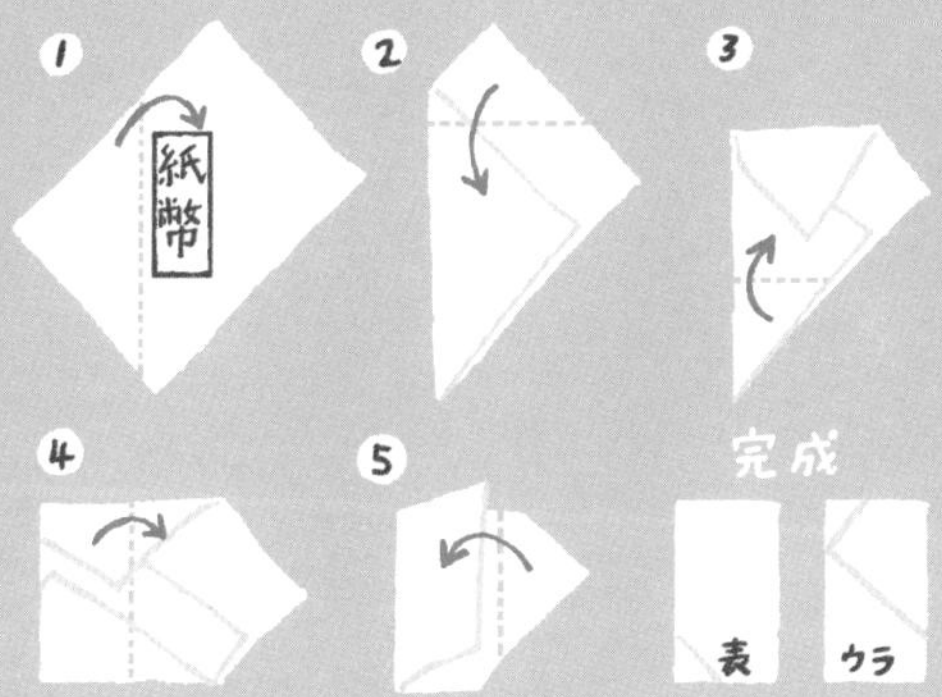

お財布の中のお金はすっきりと整理しておくこと。裏表をそろえ、きちんと入れましょう。ぐしゃぐしゃに折り曲げたりしないように。

また、忘れてならないのは新札の用意です。特にお稽古の月謝などは封筒に入れて用意しましょう。お金の受け渡しの時もいただいた側としてはとても気持ちがいいものですし、相手が気持ちよくなれば自分の気持ちがよくなります。ちょっとした買い物やタクシーでの支払いも、お金の出し方に配慮し、新札やきれいなお札を使うとコミュニケーションに変化が表れます。新札を用意するには銀行の窓口にお願いしましょう。そして、一万円、五千円、千円と、それぞれ新札を封筒に入れて用意しておく生活習慣をおすすめします。

ちょっとした心づかいでお互いが気持ちよくできる、これはおもてなしの心にも通じているのです。

形振《なりふり》

様になるには型が必要

人が集うことの多い師走は礼儀作法にも気をつけたいものです。

礼儀に限らず、ものごとにはすべて型があります。言霊では「かたち」とは「型＋血」だと考え、それは水霊《みずち》が注ぎ込まれてこそ完成するとされます。水とは人の血液であり、霊とは人の魂。つまり、型に自分の血と魂が入ること、自分の意識が型に加わって初めて会得《えとく》できるのです。そのときには、型は単なるかたちにとどまらず、自分らしさが感じられる動作になっているのです。これがくりかえしの力です。

型とは今日に至るまで極限まで無駄を省き、必要なことを足すことを繰り返してきた、洗練と合理性を極めたもの。定型とは実は無であって、型とはいわば生成発展する歴史上の

生き物だといえるでしょう。

「様になっている」とは、かたちのいい様子を指しますが、自分の素材を意識した人が型を会得したとき、素敵な動作を作り出し、様になるのです。形振《なりふり》という言葉にも「形」が使われますが、これは型＋振（過不足ない動作）という意味です。形振かまう人とは動作の美しい人、その人の教養が美しい動作に表れている人のことです。美しい動作ができるということは、美意識がちゃんと働いているということ。これもくり返しくり返し重続することで生まれてくることです。

型を自分自信の動作になるまで会得した、形振かまう人には、たとえ貴人との会席という場所でも教養の感じられる礼儀で相対することのできる力が備わっています。

形振かまう人になる。そう、心にとどめていただきたいと思います。

冬至《とうじ》

冬至は邪気祓いとデトックス

新暦の二十一日は冬至です。「陰極まれば陽萌《きざ》す」の陰陽五行の原理で、いよいよ陽の気と切り替わります。中国では太陽の復活を意味する日でもあり、「一陽来復《いちようらいふく》」といって万物がよみがえる日、または「一陽来福」と表し、福が来る日とされました。

冬至も午前四時の若水を汲みおいて、その神聖なパワーを存分に取り込みましょう。そのままお茶をいただくのもいいですし、冬至の風習である小豆粥《あずきがゆ》を炊くのもいいでしょう。小豆粥は疫病《えきびょう》をもたらす鬼=疫鬼が赤い大豆を恐れるという言い伝えがあることから冬至に小豆粥を食べて病気を避けたのです。南瓜を食べる風習は江戸時代からのもので、黄色を魔除けの色とする陰陽五行説の考えがもとになっています。

冬至の食べ物

この時期の南瓜は栄養価が高く免疫力を高めます。黄色い南瓜で病気を祓い冬を乗り切ろうと考えたのは実に理にかなっているのですね。

また、冬至にこんにゃくを食べる風習もあります。こんにゃくは「砂祓い」といって体内にたまった毒素を吸収し排出する食物。冬至に食べるのは一年間にたまった煩悩の砂を洗い流すという意味を込めているのです。つまり、こんにゃくで体も気もデトックスができるのです。

食べ物以外の風習としてゆず湯があります。

端午の節句の菖蒲湯と同じく、ゆず湯も一種の禊《みそ》ぎ、邪気祓いなのです。これも魔除け厄除けの黄色いゆずを湯に入れて、邪気祓いをするとともに肌荒れをなおし、風邪を予防します。冬至は邪気祓いとデトックスで心身の気を浄化しましょう。

大晦日《おおみそか》

除夜の鐘で今年最後の浄化を

毎月最後の日は晦日《みそか》といいます。そして、年の最後の日であるのが大晦日です。大晦日は、樋口一葉の小説のタイトルにもなった「大つごもり」ともいわれます。なんともいえずよい響きで、大晦日の夜特有の厳粛《げんしゅく》な空気までも感じられるようですね。

一年の一番最後の、張り詰めた清廉《せいれん》な夜。あちこちのお寺からは、除夜の鐘が聞こえてきます。

除夜とは「古い年が押しのけられる夜」という意味です。除夜の鐘は百八つの煩悩《ぼんのう》からの解脱《げだつ》、罪業《ざいごう》の消滅を祈って百八回撞《つ》きます。

心を煩《わずら》わし悩ませる煩悩の根源は貪《とん》＝むさぼり、瞋《しん》＝目をむいて怒ること、痴《ち》＝おろかなこと、とされ「三毒」または

「三惑」といわれています。

そして、百八つの由来は仏教の思想にあります。仏教では、人間は目・耳・鼻・舌・身・意の感覚器官（六根《ろっこん》）を持ち、色・声・香・味・触・法（六境《ろっきょう》）を理解するとされています。そして、受け取り方は好・平・悪（三不同）で程度は染・浄（染浄）、さらにそのすべてが過去・現在・未来の三世にわたって人を煩わすと考えられています。

６（六根）×３（三不同）×２（染浄）×３（三世）の答えは百八つ、そのため百八つの煩悩なのです。

夜のしじまに鐘の音がひとつ、またひとつと響くたびに、あたりの空気は清められていきます。その不思議な深い響きは、心を限りなく静め、無へと導いてくれるのです。

過ぎゆく年への感謝とお別れを思いつつ、除夜の鐘が撞かれるごとにまっさらな自分になり、新たな年を迎えましょう。

師走

十二月のこよみ

一 二 三 四 五 六 七 八 九 十 十一 十二 十三 十四 十五 十六 十七 十八 十九 二十 二十一 二十二 二十三 二十四 二十五 二十六 二十七 二十八 二十九 三十 三十一

大雪《たいせつ》

十二月七日頃

「雪いよいよ降り重ねる折からなれば也」

高い山では、すでに積雪になっていることから大雪といいます。冬将軍が吹きすさぶ中、南天の実も色づきはじめ、そろそろお正月の準備も始まります。

冬至《とうじ》

十二月二十二日頃

「日南の限りを行いて短きの至りなれば也」

陽射しが最も弱く昼間も最も短い日ですが、この日を境に陽の気が萌し、太陽も次第に光を増していきます。冬至は太陽の復活を意味する日でもあります。

主な行事

除夜の鐘

除夜とは古い年が押しのけられる大晦日の夜のことをさします。全国のお寺で除夜の鐘が撞かれますが、これは鎌倉時代から行われていると伝えられています。中国では宋の時代に始まりました。日本と中国は百八回撞きますが、韓国では三十三回です。

気がきれいになる
毎日の小さな心がけ

毎日の小さな心がけで
気はきれいになります。
「こんなときどうするんだったかしら？」と
迷ったとき
開いてみてください。

朝起きたらその日の気を入れる

毎朝、最初にすることは「その日の気を入れる」こと。どんなに暑いときも、どんなに寒いときも、必ず窓もカーテンも開けて、家中の気を循環させましょう。

気を敏感に察知できるようになると、毎日ちがった気が流れていることを感じるはず。風が運んでくる匂いからは、季節のうつろいが感じられます。お日様の匂いや雨の匂い、雪の匂いも察知できます。

その日の気は十分に深呼吸して、あなたの中の気も、すっかり入れ替えましょう。深呼吸はおへそから指三本分下の丹田を意識して行います。

素

飾らない
素顔の自分を鏡に映す

鏡を見ることは、とても大切です。手鏡でも、鏡台でも、お気に入りの鏡があると楽しみが増えていいですね。好きな鏡に毎朝、飾らない素顔の自分を映してみましょう。童顔の名残のある、明るく素直な顔が映っていたら、それはもう理想的。良い気が十分にあふれている証拠です。でも、憂鬱そうな、疲れた顔をしていたとしたら、自分に向かってとびきりの笑顔を投げかけましょう。そして、「私は大丈夫。私は気をきれいにすることができる。そして、運気を盛り上げる力がある」と力強く、自信を持って語りかけましょう。

水に親しむ

暮らしにこだわりを持ち、節度をもって生きていこうとすると、時にはつらくなることもあります。「なんだか疲れたな」と感じた時は、水に親しんで元気を出すおまじないをしてみましょう。お浄めに必ず水が使われるように、水には浄化の力があります。いつの間にか迷いや悩みを背負い込み、重くなってしまった自分の中の気を水に流してしまいましょう。蛇口から流れ出る水に手の甲と掌を交互に打たせます。水に意識を集中しながら十秒ほどそうしていると、澱んでいた気が流れ出し、新鮮な良い気が水を通じて入り、いつしか力がわき出るのです。

生活空間はすっきりと

生活空間をできるだけ整然ときれいにするのは風水の基本です。イライラしたり元気が出ない時は掃除をすると、たいていスッキリします。生活空間がきれいになると気の流れが良くなり、家全体が活気づいてきます。

きれいな空間を保つには、物を少なくするといいでしょう。使って生かせば物の気で助けられるのですが、生かされなくなった物が部屋に眠っていると、そこから気のよどみが発生してしまいます。使わない物を持つのは、気が重いことなのです。少ない物で軽やかで伸びやかに暮らすことは、心をうんと豊かにしますよ。

季節の花や緑を飾る

すっきりした生活空間に、できれば季節の花や緑を欠かさないようにしましょう。その季節の「気」を取り入れ、微妙に変化していく自然のリズムに寄り添うためには、手軽で効果的な方法です。

でも、たくさんの花を飾る必要はありません。お庭やベランダから摘んできた一輪の花でもいいですし、葉だけを飾るのも素敵です。ハーブなら台所に飾れば、お料理にも利用できて一石二鳥です。

毎日のことですから、気負わず、自然な気持ちで花を飾る習慣を身につけましょう。

食

春夏秋冬の恵みを手作りで

旬のものを食べることで、その時々に必要な栄養を体に取り込むことができます。山菜をはじめとする春の食べものは独特の苦みが細胞を目覚めさせ体を活性化させます。夏に出回るトマトや瓜科の食べものは体から熱を取り去ってくれます。秋には里芋や柿、栗など冬へ向かう体に必要な栄養価の高いものがたくさんあります。冬の大根や南瓜などは、体を温めると同時に免疫力をアップさせ、厳寒期を乗り越える力を養います。こうした旬の食材はぜひ手作りで。「手当て」という言葉があるように、人の手から発される気が料理をすることで吹き込まれ、相乗効果になるからです。

結

ささやかな幸せを たくさん見つける

朝一番の新鮮な気はあなたを勇気づけ、流れる水の清らかさは心を浄化するでしょう。季節の花はやさしく語りかけ、滋味あふれる食べものは力を与えてくれます。それらを言葉にしましょう。「今朝はとても気持ちがいいわね」「もうこのお花が咲く時季なのね」「おいしいものがいただけて幸せね」。いい言葉を口にする自分の声を聞いたり、大切な人に伝えたりすると、幸福感は倍増します。そして美しい言葉を使って大切な人との会話を楽しむことが、より結びつきを深め、絆を深めていくことに繋がるのです。

響

明るく響く
声のトーン

言葉や声の調子は一瞬にして気を変えてしまいます。日常使う言葉に「おかげさまで」「ありがとう」など、感謝が感じられる言葉を、声の調子にも気をつけて口に出すようにしてみましょう。明るく澄んだ響き、落ち着いた響き。人の声にも個性がありますから、あなたなりの素敵な声を見つけるようにしてください。

また、元気のない時などは意識して声のトーンを上げると気が活気づいてきます。「私は運気を上げることができる！」と明るい声を響かせることが、幸運を引き寄せる第一歩です。

色

色で気のバランスを取る

自然がもたらす色彩を、目だけではなく五感で受けとめましょう。同じ桜でも去年と今年とでは色がちがうと感じることができたら、それはあなた自身が成長した証拠。こうした微妙な変化に敏感になりましょう。そして、安らぎを感じる色は、特別な色として心に刻むのです。その色は生活空間の色彩を決める上で、また、あなた自身を表現する上で、鍵となる大切な色になります。その色を中心に似合う色を選んでコーディネートします。

このような基本となる色は、人生の歩みと共に変化します。どんな色に変わっていくのか、それも楽しんでみてはいかがでしょう。

力

お抹茶と羊羹《ようかん》で元気を出す

疲れて気力が湧かないときは、お抹茶と羊羹をいただきましょう。お抹茶は特別なお茶。清廉で豊かで、不思議なほど力強いパワーを持っています。そして、小豆と黒砂糖だけで練り上げた本物の羊羹は良質なエネルギー源。

羊羹を一切れ、お抹茶を一杯いただいて、十分後に水を一杯飲みます。

昔の人はお抹茶と羊羹を切らさず用意していたものでした。すぐに元気が取り戻せる昔からの智恵ですが、実際に行ってみれば、それが本当だとわかることでしょう。

二十四節季表

春

夏

季節（六気）	二十四節気	現在の暦の日付
初春	立春（正月節）	二月四日頃
	雨水（正月中）	二月十九日頃
仲春	啓蟄（二月節）	三月六日頃
	春分（二月中）	三月二十一日頃
晩春	清明（三月節）	四月五日頃
	穀雨（三月中）	四月二十日頃
初夏	立夏（四月節）	五月六日頃
	小満（四月中）	五月二十日頃
仲夏	芒種（五月節）	六月六日頃
	夏至（五月中）	六月二十一日頃
晩夏	小暑（六月節）	七月七日頃
	大暑（六月中）	七月二十二日頃

秋

初秋	立秋（七月節） 処暑（七月中）	八月八日頃 八月二十三日頃
仲秋	白露（八月節） 秋分（八月中）	九月八日頃 九月二十三日頃
晩秋	寒露（九月節） 霜降（九月中）	十月八日頃 十月二十三日頃

冬

初冬	立冬（十月節） 小雪（十月中）	十一月七日頃 十一月二十二日頃
仲冬	大雪（十一月節） 冬至（十一月中）	十二月七日頃 十二月二十二日頃
晩冬	小寒（十二月節） 大寒（十二月中）	一月六日頃 一月二十一日頃

おわりに

幸福とは、美しく生きること

美しく生きること、美しい人生は、私の主題であり永遠の目標です。コーディネーションアカデミー・ジャパンもこの主旨のもと設立され、今に至ります。

幾重にも重なりゆく時、季節、出逢いの中で、私が美しく生きるために願ったことは、ひとえに大切な人の幸せ、あたたかでやすらぎのある家庭でした。そのために必要と思われたのは、季節の声に耳を傾け、駆け抜ける風を見つめながら四季の空気をつむいでいくこと、季礼だったのです。

気を敏感に察知し、自分の気を添わせ、自然に対する礼節をもって生活に創意工夫をもたらすとき、暮らしは光り輝きます。その輝きを、より美しく、より強く、よりやさしくと願うとき、その季節の色合いはさらに確かなものとなり、私たちに大きな感動と喜びをもたらしてくれます。
季礼のある暮らしによって、あなたをとりまく気が浄化され、真の幸せを実感できたとしたら、これほどうれしいことはありません。

この本を作るにあたって、企画・構成の石川真理子さんを始め、季礼を力強い「気」で後押ししてくださった池口恵觀先生（高野山 真言宗傳燈大阿闍梨大僧正）、全国を忙しく走り続ける中で素敵な推薦の言葉をくださったさだまさしさん他、さまざまな人からご支援・ご助力いただきました。この場をお借りして、心からの感謝を捧げたいと思います。
おかげさまで、この本の中には大いなる良い「気」、そして「愛」と「力」が充満していると確信しております。この本を手にとってくださったあなたにも、この良い「気」が確かに届きますよう、心よりお祈り申し上げます。

秋篠野　安生

イラスト
あらいのりこ

季礼文字（P27、35、47、85、129、146〜157）
濵崎壽賀子

デザイン
河内沙耶花（**phrase**）

校閲
鷗来堂

企画・構成
石川真理子

編集・プロデュース
出水秀和

「気」の12ヶ月

季礼で暮らしを浄化する

2008年12月20日初版第1刷発行
2012年 7月18日 第2刷発行

著 者
秋篠野《あきしの》 安生《あき》

発行人
村田 茂

発行所
株式会社エムオン・エンタテインメント
〒106-8531 東京都港区六本木3-16-33
電話
03-5549-8742（営業）
03-5549-8760（お客様相談係）
http://magazine.m-on-ent.jp

印刷所
大日本印刷株式会社

ISBN 978-4-7897-3366-3
Printed in Japan

編・著
秋篠野 安生　あきしの あき

空間・環境デザイナー
Coordination Academy Japan 代表
生活・空間コーディネーター育成 代表
季礼 代表

第一薬科大学薬学部卒。
空間デザイナー・ホテルデザインコーディネーターとして、国際会議や政財界のレセプションデザインなどを手がける。様々な分野で人・物・時代をコラボレートし、「時間（とき）と空間の演出家」として国内外で高い評価を得る。インテリア・食空間しつらえとは単なる表面的なものではないとし、時代の中でパーソナルバランス、人の安らぎ、和み、癒しの考え方、紡ぎ方を探求、提案。テーブルコーディネートから生活空間までをトータルで学べるコーディネーションアカデミージャパンを主宰。各地に認定校がある。また、「美しく生きる美学」として季礼を基に人間としての美意識、おもいやり、マナー、キレイに生きるを提唱、講演活動を行う。

2003年　国際芸術文化賞受賞
2011年　国連美学文化栄誉賞受賞

著書に、『あいの食卓』『花と食卓とインテリアと』『素敵におもてなし』（文化出版局）、『あなたがいる食卓』『季礼』（共にコーディネーションアカデミージャパン）。

コーディネーションアカデミージャパン
東京都千代田区紀尾井町4-1
ホテルニューオータニタワー 7F　2714号
TEL・FAX　03-3239-7719
http://www.akishino.net/

※季礼は秋篠野安生の造語であり、登録商標です。